气瓶安全操作与管理

◎主编 雍漫江
编者 高德志 李邵峰
孟祥睿 朱永刚 罗志坚
湖南省特种设备管理协会 审定

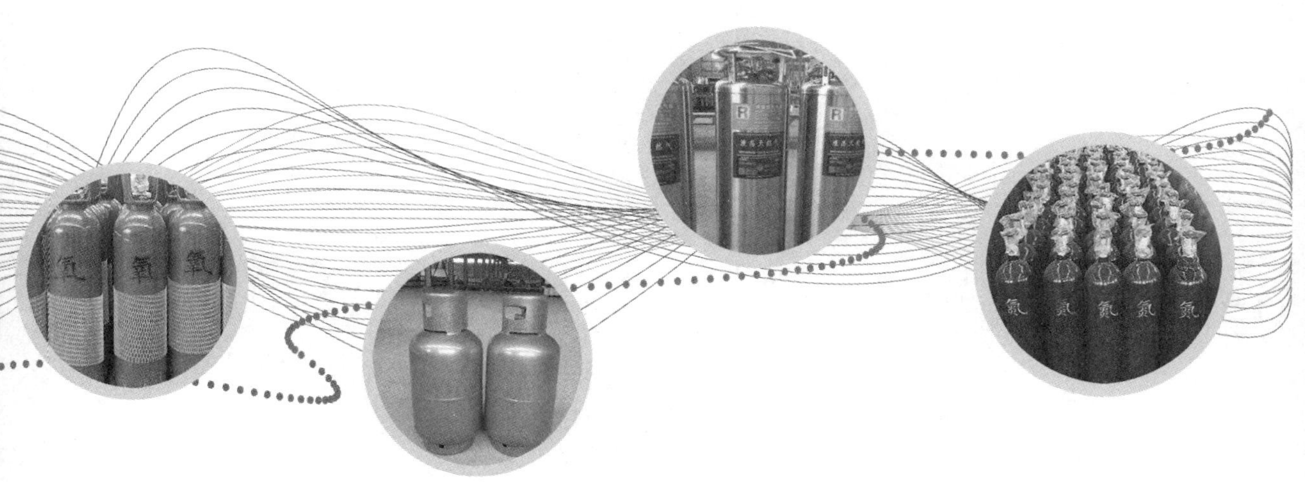

湘潭大学出版社

序

《特种设备安全法》明确规定：特种设备是指对人身和财产安全有较大危险性的锅炉、压力容器(含气瓶)、压力管道、电梯、起重机械、客运索道、大型游乐设施、场(厂)内专用机动车辆，以及法律、行政法规规定适用本法的其他特种设备。气瓶属于压力容器，根据《特种设备目录》，气瓶分为无缝气瓶、焊接气瓶和特种气瓶 3 个品种。

据不完全统计，全国现有各类气瓶近 20 000 万只，遍布城市乡村：从企业到科研院所实验室；从厨房到医院病房；从马路行驶的汽车到江海航行的轮船，气瓶无处不有，与我们的生产生活息息相关，成为人们不可或缺的重要设备。近年来，尽管各级特种设备安全监督管理、检验检测、使用管理等部门做了大量工作，但部分地区仍然存在违规经营、储存、充装、运输、使用等问题，气瓶事故时有发生，造成重大损失。如 2015 年某省发生的“10·10”重大瓶装液化石油气泄漏燃烧爆炸事故，造成 17 人死亡，其中 14 人为中学生，直接经济损失约 1 528.7 万元。如何安全操作和管理气瓶、普及气瓶安全使用知识，有效遏制气瓶事故的发生，成为当今特种设备安全管理的一个重要内容。

本书以《特种设备安全法》《特种设备目录》《特种设备生产和充装单位许可规则》(TSG 07—2019)及《气瓶安全技术规程》(TSG 23—2021)为依据，结合编者多年工作经验，编制气瓶介质特性、充装操作工艺、使用管理、事故应急救援预案编制和定期演练、典型事故案例分析等内容。

本书编写中力求基本理论与工作实践相结合，与现行法律法规标准相融合，内容丰富，图文并茂，通俗易懂，实用性较强。本书可作为各地气瓶专项整治指导用书，也可作为气瓶充装单位安全管理人员、作业人员的培训教材。

杨程鹏

2021 年 4 月 6 日

目　录

第1章　气瓶基础知识

1.1　物质的状态

物质是由分子所构成。按分子运动学说，分子间均存在一定距离，并且分子在不停地做不规则的热运动。分子的这种热运动总是倾向于使分子相互分离。分子之间还存在着相互作用的吸引力。分子间的这些作用力，使得分子既有彼此分离又有相互结合的趋势。这两个矛盾着的因素的作用结果，使得物质的分子有着不同的聚集状态，其宏观表现为物质的三态（气态、液态和固态）。当然，物质还有其他形态如等离子态、超固态等，但这些不在我们讨论的范围内。

1.1.1　状态与相

当物质处于相对较高的温度时，分子的热运动使分子间的分离倾向大于分子间的吸引力，分子间的吸引力将不能克服分子的分离倾向，而使分子间距离增大，并可无限制地增大，此时的物质为气态。因此，气体在不受限制的情况下具有无限膨胀的性质，并能够充满任意形状和大小的容器，其密度远小于液态和固态时的密度，具有很大的可压缩性。

当物质处于相对较低的温度时，分子间的吸引力起支配作用，其吸引力使分子不能分离，分子只能在平衡位置附近振动和旋转，此时的物质表现为固态。因此，固态物质具有固定的形状和大小；一般而言，其分子排列比气态和液态时紧密，可压缩性较小。当分子间的吸引力只能使分子维持一定的平均距离，但却不能使分子有固定的平衡位置，此时物质表现为液态。液体只有一定的体积，而无一定的形状。

任何物质在特定的条件下都可以气态、液态或固态中的一种形态存在，并且能同时以其中的两种或三种形态存在。当物质以两种或三种形态共存时，各形态间能在较长时间里保持清晰的界面，界面内自成均匀体系。这种用物理上的清晰界面将其他部分相区别的均匀体系被称为物质的“相”。在多数情况下，物质的三相分别只以一相存在，故常把物质的气态、液态和固态称为气相、液相和固相，也称为气体、液体和固体。

决定物质存在形态的是物质所处环境的温度和压力。当环境温度和压力变化时，物质分子间的作用力、分子间的平均距离和分子运动的剧烈程度都会发生变化。当变化达到一定程度时，物质的聚集状态便发生改变，物质形态也就发生变化，这种物质形态上的改变被称作相变。当物质以固态存在时，在一定条件下，其表面动能较大的分子会克服分子间的引力，脱离固体表面成为气体，这种固体（结晶）物质不经过液体而直接转变为气体的现象叫作升华。这时物质是气体、固体共存型式。当温度升高，达到某一特定值时，部分固体分子由于动能的增加而开始脱离其平衡位置，物质由固相变为液相，这种现象叫作熔化。固体熔化时，是固体、液体共存态的。而当物质以液态存在时，液体表面的一些动能较大的分子也会脱离液体表面成为气体，这种现象叫作气化。这时物质是气体、液体共存状态。而当温度降低或压力增高，分子的动能减少，分子间的平均距离也减小，气体变为液体，或液体变为固体，这个过程被称为液化或固化（凝固）。液化是气化的逆过程，而固化则是熔化的逆过程。

如果物质处在一个封闭的容器中，由固体或液体表面逸出的分子只能停留在容器空间的上部。由于分子的运动和碰撞使容器空间产生一定的压力。当容器中的介质是液体时，逸出液体表面的分子由于受分子间的引力和气体压力的作用，将有一部分返回液体中去。当由液体表面逸出的分子与从气相空间返回液体的分子数量相等时，此物系达到了一个动态平衡，使气体、液体两相处于一个相对稳定的共存状态。这种状态就称作饱和状态，此时的液体称为饱和液体，蒸气称为饱和蒸气，其压力亦称为饱和蒸气压。而其他一些参数亦冠以“饱和”二字。饱和蒸气压是一个与气体性质和环境温度有关的参数。某种物质液态时在某一温度下就有一与之对应的饱和蒸气压。当温度升高时，分子所获得的动能增大，逸出液面的分子数量增多，而液体受热膨胀，又使得气相空间减小，这都使气相密度增大，饱和蒸气压增高。反之，温度降低，饱和蒸气压也降低。如果物质是处在一个敞口的容器中，液体上方的气体就将扩散到环境中去。液体就将不断逸出分子，直至全部液体都转化为气体。当环境的压力高于此温度下液体的饱和蒸气压时，气化仅发生在液体表面，这就是蒸发。当环境压力等于或低于此温度下液体的饱和蒸气压时，气化将在液体表面和内部同时很剧烈地发生，这就是沸腾。蒸发和沸腾是两种不同的气化型式，它们间无本质差别，仅程度不同。蒸发较为缓慢，而沸腾更为剧烈。但蒸发的速度是随温度的升高而增大的。

1.1.2 状态的变化与相图

前面已经提到，物质会以气态、液态、固态单相存在，但有时又会以两相或三相共存。何时是单相，何时又是共存状态，何时会发生相变，这取决于物质本身的性质和所处环境的温度与压力。某种物质在一定的温度和压力下就有与其对应的形态。这些物性参数是瓶装气体设计的重要依据。但气体装瓶后仅允许发生气液间的相变，因此，我们将主要讨论气液相变。在物质的两相共存状态时，每一温度都有一对应的压力。我们将这些数据绘于一个以温度为横坐标，压力为纵坐标的坐标系上，所得到的就是一张物质的状态图（又称相平衡图）。各种物质的相图结构都是相似的，仅坐标的温度、压力值范围不同而已。

自然界中存在的液体，它的临界温度一定是高于环境温度的。而自然界中的气体则会有两种可能，一种是气体的临界温度低于环境温度，它只能以气态存在，另一种是气体的临界温度高于环境温度，但环境的压力低于该气体在环境温度下的饱和蒸气压，所以它也以气态存在。对于前一种气体如果不降低温度仅通过加压，它仍会以气态存在，只不过是压缩的气体而已。这种气体装瓶后的瓶内压力是由气体的充装量，即气体的压缩程度控制。对于后一种气体则不然，仅通过加压就可以使其变为液体。这就是为什么一些气体加压装瓶后仍然是气体，而另外一些气体会是液化气体的缘故。但环境温度是有一定的范围的，低可在－20 ℃以下，高可能超过 40 ℃。

如果气体的临界温度高于环境的最高温度，那么装瓶后的气体始终是液化气体状态。其气瓶内的压力就是环境温度所对应气体的饱和蒸气压。如果气体的临界温度在这个温度范围内，会是什么情况呢？当环境温度低于气体的临界温度时，气瓶内是液化气体。当环境温度高于气体的临界温度时，气瓶内的液体将立即全部气化变为压缩的气体状态。气瓶内的压力就会由液化气体的饱和蒸气压变为由气体压缩程度所决定的压力。因此，对应于气体装瓶可能会出现的三种情况，气瓶就有压缩气体、低压液化气体和高压液化气体气瓶之分了。临界温度较低的，即在环境温度下可能会发生相变的气体，归为高压液化气体。而其余临界温度较高的，则归为低压液化气体。那些临界温度低于环境最低温度的气体就是压缩气体了。

1.1.3　气体体积与温度、压力的关系

气体的体积、温度、压力是确定气体状态的三个基本参数。要研究气体物理状态的变化，进行工程上的计算，就要研究这三个基本状态参数间的关系。而表示这三个基本状态参数间的数学关系式就是气体状态方程式，其方程式又有理想气体状态方程式和真实气体状态方程式之分。

1.1.3.1　理想气体状态方程式

所谓理想气体，是人们为了在研究气体状态方程式时，忽略气体某些性质对基本状态参数计算的影响，而提出的一种假想的气体。此种气体的假设条件为：

① 气体分子没有体积；

② 气体分子间没有引力。

当实际气体的压力很低、温度较高时，由于气体的密度很小，其分子本身所占的体积与气体的全部空间之比小到可以忽略不计，而气体分子间的作用力也由于分子间的距离较大可忽略时，即可近似地作为理想气体进行计算。

理想气体状态方程：通过压力(p)、体积(V)、温度(T)和物质的量(n)四个变量反映气体规律，推导出 p,V,T,n 之间的数学关系式。

$$pV=\frac{m}{M}RT=nRT \tag{1-1}$$

其中：p—气体的压力，Pa；V—气体的体积，m^3；T—气体的绝对温度，K；n—气体的摩尔数，mol；R—气体常数，$Pa\cdot m^3/K\cdot mol$，$R=8.31\ Pa\cdot m^3/K\cdot mol$；$M$—气体的摩尔质量，g/mol；$m$—气体的物质的量，g。

对于混合理想气体，其压力 p 是各组成部分的分压力 $p_1,p_2,\cdots$之和，故：

$$pV=\sum_i p_i V=\sum_i n_i RT \tag{1-2}$$

式中 $n_1,n_2,\cdots$是各组成部分的物质的量。

以上两式是理想气体和混合理想气体的状态方程，在压力为几个大气压以下时，各种实际气体近似遵循理想气体状态方程，压力越低，符合越好，在压力趋于零时，严格遵循。

1.1.3.2　真实气体状态方程式

理想气体状态方程式应用于压力较低、温度较高的气体时，可较好地反映气体压力、温度、体积之间的关系。但随着测试技术的发展，特别是高压和深冷技术的研究和应用，人们发现，建立在理想气体模型基础上的那些状态方程和定律，在压力较高和温度较低时，各种气体的计算或测试无一例外地都发生了对理想气体规律的显著偏离。为了修正真实气体与理想气体之间的偏差，人们将气体在相同温度和压力条件下实际测得的气体体积与用理想气体状态方程式计算所得的体积之比称作压缩因子，作为一个新的物理量，用符号 Z 表示：

$$Z=\frac{V}{V_{理}}=V\frac{p}{nRT} \tag{1-3}$$

当 $Z=1$，说明应用理想气体状态方程比较符合实际，当 $Z\neq1$ 时，则表明真实气体对理想气体有偏差。由上式可知，对于真实气体，如果知道 Z 的变化规律，便能按照理想气体状态方程进行 $p-V-T$ 关系的计算，表 1－1 是 N_2 在不同温度、压力下的压缩因子值。

表 1—1　N_2 在不同温度、压力下的压缩因子值

p/MPa	T/℃					
	−70	−50	0	50	99.85	299.8
	Z					
0.1	0.998 8	0.998 5	0.999 5	0.999 5	—	—
5	0.906 8	—	0.984 1	1.004 3	1.016 5	—
10	0.858 0	0.910 0	0.984 5	1.017 6	1.033 0	1.047 1
20	0.916 7	0.960 6	1.035 8	1.706 4	1.094 6	1.101 4
40	1.272 6	1.263 4	1.254 4	1.252 0	1.252 0	1.214 6
60	1.655 7	1.599 5	1.519 5	1.437 5	1.437 5	1.335 3
100	2.387 5	2.270 0	2.061 3	1.824 4	1.824 4	1.580 9

此表是 N_2 在不同温度、压力下的压缩因子数值，图 1—1 就是用这些数据绘制的 N_2 的 Z—p 关系。由表及图可见，当压力趋近于零，各温度下的 Z 都趋向于 1。但是，当压力由零不断增大，Z 就逐渐与 1 偏离。在温度较低的情况下，随压力增大，Z 值先是减小的，当达到最低点后，Z 值又慢慢增大，Z 值从小于 1 逐步变为大于 1，并愈来愈大。在温度较高的情况下，并不出现这种先降低后升高的现象，而是随压力的增大，Z 值一直升高，其值始终大于 1。图 1—2 是不同气体在同一温度（0 ℃）下的 $Z—p$ 关系，说明不同气体在相同条件下其表现也完全不同。

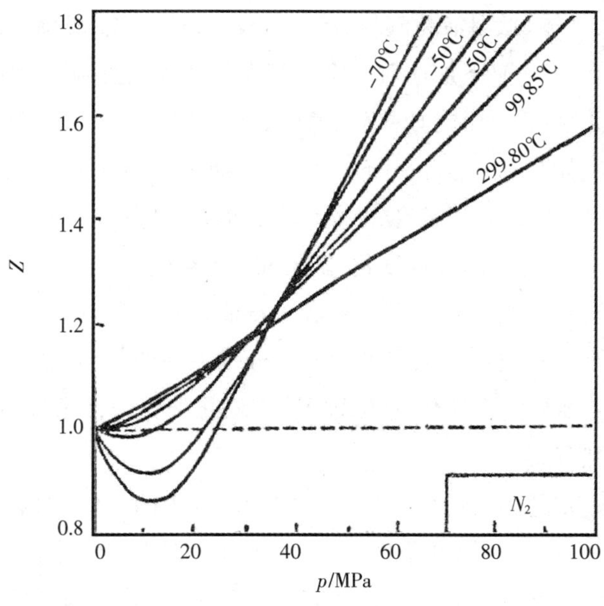

图 1-1　N_2 在不同温度、压力下的压缩因子

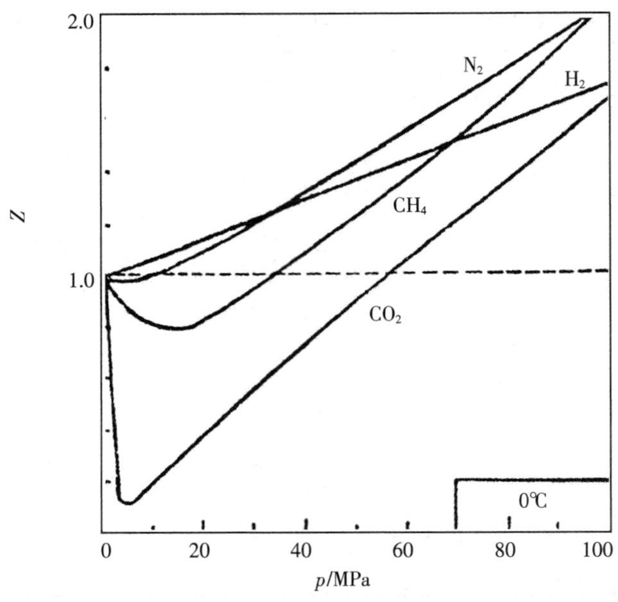

图 1–2　不同气体在 0℃时的压缩因子

1.2　气体分类及特性

气体的分类方法有很多，按用途分、按化学性质分等。而本节所说的分类并不是这个范畴。本书所述的气体分类确切地说应该是气体装瓶的分类，根据《瓶装气体分类》(GB16163—2012)和《气瓶安全技术规程》(TSG 23—2021)附件 B，气体分类主要为压缩气体、高(低)压液化气体、低温液化气体、溶解气体、吸附气体、混合气体等。

压缩气体是指在－50 ℃下加压时完全是气态的气体，包括临界温度(T_c)低于或者等于－50 ℃的气体，也称永久气体，如氧气、氮气、空气等。

高(低)压液化气体是指在温度高于－50 ℃下加压时部分是液态的气体，包括临界温度(Tc)在－50 ℃～65 ℃的高压液化气体和临界温度(T_c)高于 65 ℃的低压液化气体。常见高压液化气体有：二氧化碳、六氟化硫、乙烯、一氧化二氮、氯化氢、乙烷等。常见低压液化气体有：丙烷、环丙烷、丙烯、氨、氯、液化石油气等。

低温液化气体是指经过深冷低温处理而部分呈液态的气体，临界温度(T_c)一般低于或者等于－50 ℃，也称为深冷液化气体或者冷冻液化气体。常见低温液化气体有：液氩、液氧、液氮、液态天然气等。

溶解气体是在一定压力、温度条件下，溶解于溶剂中的气体，如溶解乙炔气体。

吸附气体是在一定压力、温度条件下，吸附于吸附剂中的气体。

混合气体是指含有两种或者两种以上有效物理组分，或者虽属非有效组分但是其含量超过规定限量的气体。如二氧化碳与氩气混合气、氧气与氮气混合气、七氟丙烷、二氧化碳与氮气混合气等。

1.2.1　常见气体的物性参数

1.2.1.1　压缩气体

常见压缩气体的物性参数见表 1－2 所示。

表 1－2　压缩气体的物性参数

序号	气体名称	化学分子式	临界温度/℃	气体毒性		气体腐蚀性
				毒性	LC_{50}(×10^{-6})①	
1	空气	—②	－140.6	无		无
2	氩	Ar	－122.4	无		无
3	氟	F_2	－129.0	剧毒	185	酸性腐蚀
4	氦	He	－268.0	无		无
5	氪	Kr	－63.8	无		无
6	氖	Ne	－228.7	无		无
7	一氧化氮	NO	－92.9	剧毒	115	酸性腐蚀
8	氮	N_2	－146.9	无		无
9	氧	O_2	－118.4	无		无
10	二氟化氧	OF_2	－58.0	剧毒	2.6	
11	一氧化碳	CO	－140.2	毒	3 700	无
12	氘(重氢)	D_2	－234.8	无		无
13	氢	H_2	－239.9	无		无
14	甲烷	CH_4	－82.5	无		无
15	天然气	—	—	无		无

注①：在动物急性毒性试验中，使受试动物半数死亡的毒物浓度用 LC_{50} 表示，列入表 1－2 有助于了解气体毒性大小(以下同)。

注②：标记“—”表示目前没有可靠的数据来源(以下同)。

1.2.1.2　高压液化气体

部分高压液化气体充装系数及物性见表 1－3 所示。

表 1－3　部分高压液化气体充装系数及物性

序号	气体名称	化学分子式	气瓶在不同公称工作压力(表压)下充装系数最大值/(kg/L)				气体毒性		气体腐蚀性
			20.0MPa	15.0MPa	12.5MPa	8.0MPa	毒性	LC_{50}(×10^{-6})	
1	二氧化碳	CO_2	0.74	0.60	—	—	无		无
2	一氧化二氮	N_2O	—	0.62	0.52	—	无		无
3	乙烷	C_2H_6	0.37	0.34	0.31	—	无		无
4	乙烯	C_2H_4	0.34	0.28	0.24	—	无		无

续表

序号	气体名称	化学分子式	气瓶在不同公称工作压力(表压)下充装系数最大值/(kg/L)				气体毒性		气体腐蚀性
			20.0MPa	15.0MPa	12.5MPa	8.0MPa	毒性	LC_{50}(×10^{-6})	
5	六氟化硫	S_2F_6	—	—	1.06	0.83	无		无
6	氯化氢	HCl	—	—	0.57	—	毒	2 810	酸性腐蚀
7	三氟甲烷	CHF_3	—	—	0.76	—	无		
8	六氟乙烷	C_2F_6	—	—	1.06	0.83	无		无
9	硅烷(四氢化硅)	SiH_4	—	0.3	—	—	无		无
10	磷烷(磷化氢)	PH_3	—	0.2	—	—	剧毒	20	无
11	乙硼烷(二硼烷)	B_2H_6	—	0.035	—	—	剧毒	80	无
12	三氟化硼	BF_3	—	—	—	—	毒	865	酸性腐蚀

1.2.1.3 低压液化气

部分瓶装低压液化气体饱和蒸气压、充装系数及物性见表1—4所示。

表1—4 部分低压液化气体饱和蒸气压、充装系数及物性

序号	气体名称	化学分子式	60℃时饱和蒸气压力(表压)/MPa	对应的公称工作压力(表压)/MPa	充装系数/(kg/L)	气体毒性		气体腐蚀性
						毒性	LC_{50}(×10^{-6})	
1	氨	NH_3	2.52	3.0	0.53	毒	7 338	碱性腐蚀
2	氯	Cl_2	1.68	2.0	1.25	毒	293	酸性腐蚀
3	硫化氢	H_2S	4.39	5.0	0.66	毒	712	酸性腐蚀
4	二氧化硫	SO_2	1.01	2.0	1.23	毒	2 520	酸性腐蚀
5	二氧化氮	NO_2	0.41	2.0	1.3	剧毒	115	酸性腐蚀
6	氟化氢(无水氟化氢)	HF	0.28	2.0	0.83	毒	1 307	酸性腐蚀
7	碳酰二氯(光气)	$COCl_2$	0.43	5.0	1.21	剧毒	5	酸性腐蚀
8	丙烷	C_3H_8	2.02	2.2	0.41	无	无	
9	环丙烷	C_3H_6	1.57	2.0	0.53	无	无	
10	丙烯	C_3H_6	2.42	2.5	0.42	无	无	
11	异丁烯	C_4H_8	0.76	1.0	0.49	无	无	
12	甲胺	CH_3NH_2	0.94	1.0	0.60	毒	7 110	碱性腐蚀
13	乙胺(氨基乙烷)	$C_2H_5NH_2$	0.34	1.0	0.62	毒	16 000	碱性腐蚀
14	二甲醚	C_2H_6O	1.35	1.6	0.58	无	无	

1.2.1.4 低温液化气体

低温液化气体物性参数见表 1—5 所示。

表 1—5 低温液化气体物性参数

序号	气体名称	化学分子式	临界温度/℃	气体毒性	气体腐蚀性
1	液化空气	—	−140.6	无	无
2	液氩	Ar	−122.4	无	无
3	液氦	He	−268.0	无	无
4	液氢	H_2	−2399.9	无	无
5	液化天然气	—	−82.5	无	无
6	液氮	N_2	−146.9	无	无
7	液氧	O_2	−228.7	无	无
8	液氖	Ne	−118.4	无	无

1.2.1.5 混合气体

部分低压液化混合气体的混合气体饱和蒸气压力和充装系数见表 1—6 所示。

表 1—6 部分低压液化混合气体的混合气体饱和蒸气压力和充装系数

序号	气体名称	化学分子式	60℃时饱和蒸气压力（表压）/MPa	对应的公称工作压力（表压）/MPa	充装系数/(kg/L)
1	R410A（二氟甲烷 R32＋五氟乙烷 R125）	CH_2F_2＋CHF_2CF_3	3.74	4.0	0.80
2	R407C（二氟甲烷 R32＋五氟乙烷 R125＋1,1,1,2-四氟乙烷 R134a）	CH_2F_2＋CHF_2CF_3＋CH_2FCF_3	2.63	3.0	0.91
3	R404A（五氟乙烷 R125＋1,1,1—三氟乙烷 R143a＋1,1,1,2-四氟乙烷 R134a）	CHF_2CF_3＋CH_3CF_3＋CH_2FCF_3	2.77	3.0	0.71
4	R406A（二氟氯甲烷 R22＋异丁烷 R600a＋二氟氯乙烷 R142b））	CHF_2Cl＋$CH(CH)_3$＋CH_3CClF_2	1.47	2.0	0.94
5	R507A（五氟乙烷 R125＋1,1,1-三氟乙烷 R143a）	CHF_2CF_3＋CH_3CF_3	2.84	3.0	0.75
7	液化石油气	混合气体	—	21	0.42 或按相应标准

1.3 气瓶定义

根据《气瓶安全技术规程》(TSG 21—2021),气瓶是指正常环境温度(−40 ℃～60 ℃)下使用的、公称容积为 0.4 L～3 000 L、公称工作压力(表压)为 0.2 MPa～70 MPa,并且压力与容积的乘积大于或等于 1.0 MPa·L,盛装压缩气体、高(低)压液化气体、低温液化气体、溶解气体、吸附气体、混合气体以及标准沸点等于或低于 60 ℃的液体的无缝气瓶、焊接气瓶、焊接绝热气瓶、缠绕气瓶、内部装有填料的气瓶,以及气瓶集束装置。气瓶含瓶体及气瓶附件。

盛装单一气体的气瓶应当专用,只允许充装与设计文件、制造标志规定相一致的气体(充装过程所用的置换气体除外),不得更改气瓶制造标志和用途,也不得混装其他气体。

盛装混合气体的气瓶应当按照气瓶标志对应的气体特性③充装相同特性的混合气体。

注③:气体特性,是指按照《瓶装气体分类》(GB/T 16163—2012)、《混合气体的分类》(GB/T 34710—2018)等标准确定的毒性(T)、氧化性(O)、燃烧性(F)和腐蚀性(C)。

1.4 气瓶技术参数

气瓶常用技术参数主要有气瓶设计压力、公称工作压力、公称容积、公称直径、设计使用年限、设计壁厚等。

1.4.1 设计压力

气瓶设计压力为气瓶强度设计时作为计算载荷的压力参数,一般为气瓶耐压试验压力,单位:MPa。

1.4.2 公称工作压力

1.4.2.1 公称工作压力确定的原则

(1) 盛装压缩气体气瓶的公称工作压力,是指在基准温度(20 ℃)下,瓶内气体达到完全均匀状态时的限定(充)压力;

(2) 盛装液化气体气瓶的公称工作压力,是指温度为 60 ℃时瓶内气体压力的上限值;

(3) 盛装溶解气体气瓶的公称工作压力,是指瓶内气体达到化学、热量以及扩散平衡条件下的静置压力(15 ℃时);

(4) 焊接绝热气瓶的公称工作压力,是指在气瓶正常工作状态下,内胆顶部气相空间可能达到的最高压力;

(5) 盛装标准沸点等于或者低于 60 ℃的液体以及混合气体气瓶的公称工作压力，按照相应标准规定。

1.4.2.2　公称工作压力的选取

盛装常用气体气瓶的公称工作压力见表 1－7 所示。

表 1－7　盛装常用气体气瓶的公称工作压力

气体类别	公称工作压力/MPa	常用气体
压缩气体 $T_c \leqslant -50$ ℃	35	空气、氢、氮、氩、氦、氖等
	30	空气、氧、氮、氩、氦、氖、甲烷、天然气等
	20	空气、氧、氢、氮、氩、氦、氖、甲烷、天然气等
	15	空气、氧、氢、氮、氩、氦、氖、甲烷、一氧化碳、一氧化氮、氘(重氢)、氪、氟、二氟化氧等
高压液化气体 -50 ℃ $< T_c \leqslant 65$ ℃	20	二氧化碳(碳酸气)、乙烷、乙稀
	15	二氧化碳(碳酸气)、一氧化二氮(笑气、氧化亚氮)、乙烷、乙稀、硅烷(四氢化硅)、磷烷(磷化氢)、乙硼烷(二硼烷)等
	12.5	氙、一氧化二氮(笑气、氧化亚氮)、六氟化硫、氯化氢(无水氢氯酸)、乙烷、乙烯、氟乙烯(乙烯基氟、R1141)、三氟化氮等
	8	六氟化硫、三氟氯甲烷(R-13)、1,1-二氟乙烯(偏二氟乙烯)(R1132a)、六氟乙烷(R116)、氟乙烯(R1141)、三氟溴甲烷(R13B1)等
低压液化气体及混合气体 $T_c > 65$ ℃	5	溴化氢(无水氯溴酸)、硫化氢、碳酰二氯(光气)、硫酚氟等
	4	二氟甲烷(R32)、五氟乙烷(R125)、溴三氟甲烷(R13B1)、R410A 等
	3	氨、氯二氟甲烷(R22)、1,1,1-三氟乙烷(R143a)、R407C、R404A、R507A 等
	2.5	丙烯
	2.2	丙烷
	2.1	液化石油气
	2	氯、二氧化硫、二氧化氮(四氧化二氮)、氟化氢(无水氢氟酸)、环丙烷、六氟丙烯(R1216)、偏二氟乙烷(R152a)、氯三氟乙烯(R1113)、氯甲烷(甲基氯)、溴甲烷(甲基溴)、1,1,1,2-四氟乙烷(R134a)、七氟丙烷(R227e)等
	1.6	二甲醚

续表

气体类别	公称工作压力/MPa	常用气体
低压液化气体及混合气体 $Tc>65$ ℃	1	正丁烷(丁烷)、异丁烷、异丁烯、1-丁烯、1,3-丁二烯(联丁烯)、二氯氟甲烷(R21)、氯二氟乙烷(R142b)、溴氯二氟甲烷(R12B1)、氯乙烷(乙基氯)、氯乙烯、溴乙烯(乙烯基溴)、甲胺、二甲胺、三甲胺、乙胺(氨基乙烷)、甲基乙烯基醚(乙烯基甲醚)、环氧乙烷、(甲硫醇(硫氢甲烷)、三氟氯乙烷(R133a)等
低温液化气体 $Tc\leqslant-50$ ℃	—	液化空气、液氩、液氦、液氖、液氮、液氧、液氢、液化天然气

1.4.3　气瓶公称容积和公称直径

气瓶公称容积是指气瓶容积系列中的容积等级。一般情况下:12 L(含 12 L)以下为小容积气瓶,12 L 以上至 100 L(含 100 L)为中容积气瓶,100 L 以上为大容积气瓶。

水容积是气瓶内腔的实际容积。

气瓶的产品标准中均对气瓶的公称容积和公称直径有具体的规定,不同的公称直径有相应的公称容积系列或范围,具体内容见各产品标准。

1.4.4　计算壁厚、设计壁厚和名义壁厚

计算壁厚是按有关标准规定的计算方法求得的新瓶所需壁厚。

设计壁厚是计算壁厚经圆整后所得到的壁厚。

名义壁厚是根据设计壁厚并综合考虑腐蚀裕度、材料厚度负偏差及制造等因素,由设计图样规定的气瓶壁厚。

1.4.5　气瓶的设计使用年限

制造单位应当明确气瓶的设计使用年限,并且在设计文件和制造标志上注明。气瓶瓶体的设计使用年限应满足表 1－8 的规定,表 1－8 中未列入的气瓶设计使用年限应当在相应产品标准中作出规定。如果气瓶制造单位在出厂的气瓶上刻印或压铸充装(产权)单位标志并装设可追溯的电子识读标志,充装单位能够确保气瓶始终处于良好的维护保养状态并通过安全评估,钢质无缝气瓶或者铝合金气瓶的实际使用年限可以延长至 30 年,燃气气瓶的实际使用年限可以延长至 12 年。

表 1—8　常用气瓶的设计使用年限

序号	气瓶品种	设计使用年限/年
1	钢质无缝气瓶	20
2	铝合金无缝气瓶	
3	溶解乙炔气瓶以及吸附式天然气钢瓶	
4	长管拖车、管束式集装箱用大容积钢质无缝气瓶	20
5	钢质焊接气瓶	
6	燃气气瓶	8
7	焊接绝热气瓶	20
8	汽车用液化天然气气瓶、车用压缩氢气铝内胆碳纤维全缠绕气瓶	10
9	汽车用压缩天然气钢瓶、车用液化石油气钢瓶、车用液化二甲醚钢瓶	15
10	金属内胆纤维缠绕气瓶(不含车用氢气瓶)	
11	盛装腐蚀性气体或者在海洋等易腐蚀环境中使用的钢质无缝气瓶、钢质焊接气瓶	12

1.5　气瓶分类

气瓶通常分类方法有四种，分别为按照结构分类、按照公称工作压力分类、按照公称容积分类、按照用途分类。

1.5.1　按瓶体结构分类

目前国内、国际范围内气瓶按照结构可以分为五个大类：无缝气瓶、焊接气瓶、纤维缠绕气瓶、低温绝热气瓶以及内部装有填料的气瓶。目前，我国现有的具体的气瓶品种和其符合的产品标准见表 1—9 所示。

表 1—9　气瓶品种和产品标准表

结构	气瓶品种	产品标准
无缝气瓶	钢质无缝气瓶、消防灭火器用无缝气瓶、汽车用压缩天然气钢瓶	《钢质无缝气瓶》(GB5099—2017) 《铝合金无缝气瓶》(GB11640—2011) 《汽车用压缩天然气钢瓶》(GB17258—2011)
	铝合金无缝气瓶	《铝合金无缝气瓶》(GB11640—2011)
	长管拖车、管束式集装箱用大容积钢质无缝气瓶	—

续表

结构	气瓶品种	产品标准
焊接气瓶	钢质焊接气瓶、消防灭火器用焊接气瓶、不锈钢焊接气瓶	《钢质焊接气瓶》(GB 5100—2020) 《不锈钢焊接气瓶》(GB/T32566—2016)
	工业用非重复充装焊接钢瓶	《工业用非重复充装焊接钢瓶》(GB 17268—2020)
	液化石油气钢瓶、液化二甲醚钢瓶、车用液化石油气钢瓶、车用液化二甲醚钢瓶	《液化石油气钢瓶》(GB 5842—2006) 《液化二甲醚钢瓶》(GB/T33147—2016) 《机动车用液化石油气钢瓶》(GB 17259—2009)
	吸附气体气瓶	—
纤维缠绕气瓶	小容积金属内胆纤维缠绕气瓶	《呼吸器用复合气瓶》(GB 28053—2011)
	金属内胆纤维环向缠绕气瓶(含车用)	《车用压缩天然气钢质内胆环向缠绕气瓶》(GB 24160—2009)
	金属内胆纤维全缠绕气瓶(含车用)	—
	长管拖车用金属内胆纤维缠绕气瓶	—
低温绝热气瓶	焊接绝热气瓶	《焊接绝热气瓶》(GB 24159—2009)
	车用液化天然气气瓶	—
内装填料气瓶	溶解乙炔气瓶	《溶解乙炔气瓶》(GB 11638—2020)
	吸附气体气瓶	—

1.5.2 按公称工作压力分类

气瓶按照公称工作压力分为高压气瓶、低压气瓶：

(1) 高压气瓶是指公称工作压力大于或等于 10 MPa 的气瓶；

(2) 低压气瓶是指公称工作压力小于 10 MPa 的气瓶。

1.5.3 按公称容积分类

气瓶按照公称容积分为小容积、中容积、大容积气瓶：

(1) 小容积气瓶是指公称容积小于或等于 12 L 的气瓶；

(2) 中容积气瓶是指公称容积大于 12 L 并且小于或等于 150 L 的气瓶；

(3)大容积气瓶是指公称容积大于 150 L 的气瓶。

1.5.4 按用途分类

气瓶按照用途一般分为：

(1) 工业用气瓶；

(2) 医用气瓶；

(3) 燃气气瓶；

（4）车用气瓶；

（5）呼吸器用气瓶；

（6）消防灭火用气瓶。

1.6　气瓶结构及型号

高压气瓶瓶体、缠绕气瓶的金属内胆应当采用无缝结构，低压气瓶瓶体采用焊接结构或者无缝结构；无缝气瓶瓶体与不可拆气瓶附件的连接不得采用焊接方式，焊接气瓶瓶体与不可拆气瓶附件的连接应当采用焊接方式；气瓶的直径和容积应当系列化。

气瓶型号的命名方法按照《气瓶型号命名方法》(GB/T 15384—2011)进行标记，表示方法如下：

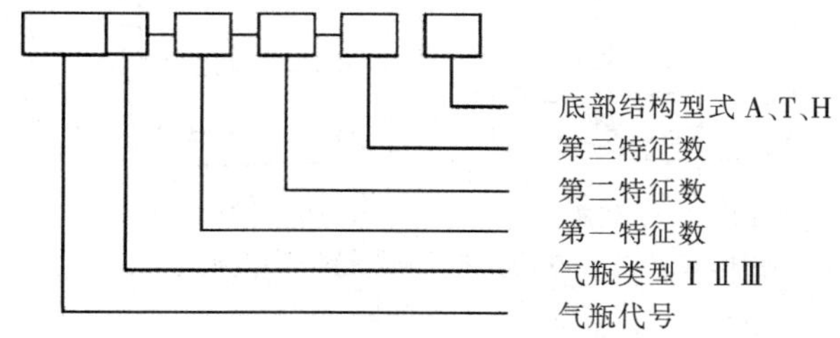

1.6.1　钢质无缝气瓶

产品标准为《钢质无缝气瓶》(GB5099—2017)，它变化比较大的地方是底部结构，有凹形底、凸形底、H 形底。

瓶根：凸形底或凹形底无缝气瓶筒体与瓶底连接过渡的部分。

瓶底：气瓶瓶体封闭端的非筒体承压部分。

钢质无缝气瓶按其端部结构可分为五种型式：凹形底钢质无缝气瓶(a)、带底座凸形底钢质无缝气瓶(b)、凸形底钢质无缝气瓶(c)、H 形底钢质无缝气瓶(d)、双口形钢质无缝气瓶(e)，见图 1—3 所示；凹形底及带底座凸形底钢质无缝气瓶典型结构及主要附件见图 1—4 所示。

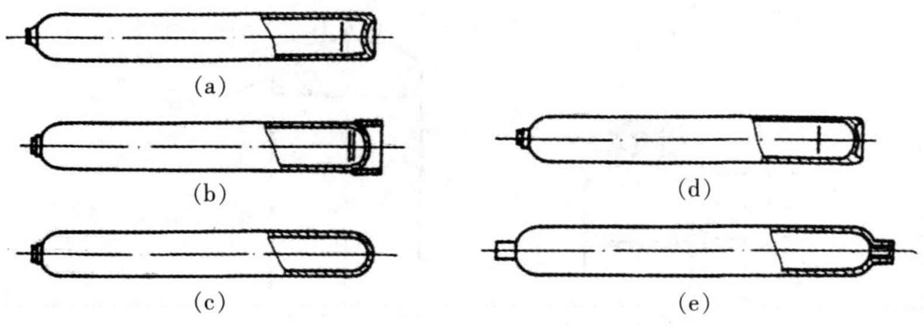

图 1–3　钢质无缝气瓶瓶体型式

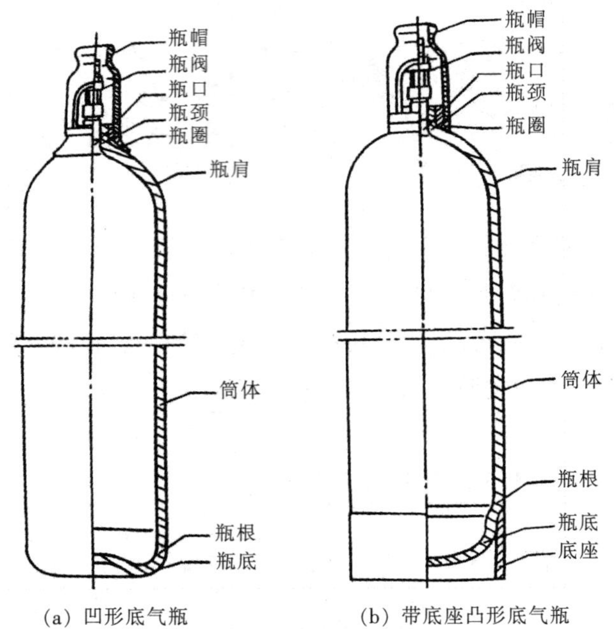

(a) 凹形底气瓶　　(b) 带底座凸形底气瓶

图 1-4　凹形底及带底座凸形底钢质无缝气瓶典型结构及主要附件

钢质无缝气瓶型号表示方法如下：

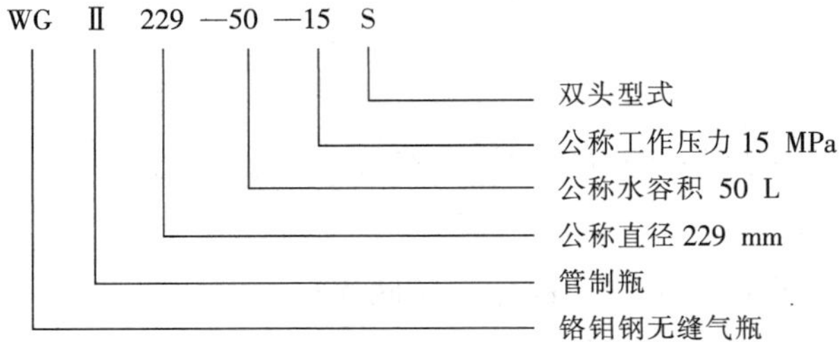

1.6.2 焊接气瓶

液化石油气钢瓶的产品标准为《液化石油气钢瓶》(GB 5842—2006)，我国液化石油气钢瓶按公称容积分为 YSP4.7、YSP12、YSP26.2、YSP35.5、YSP118 等型号，如图 1—5 所示。

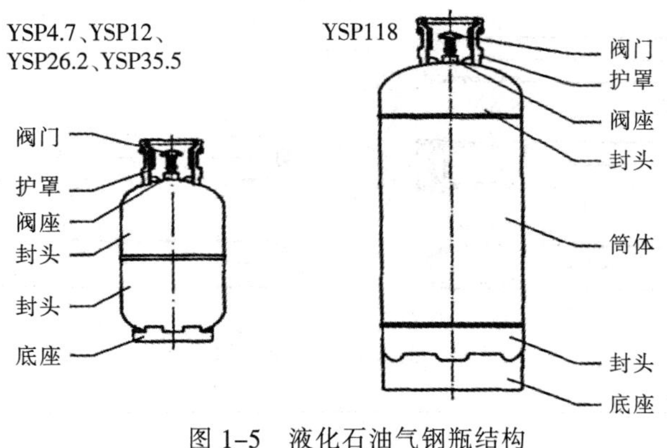

图 1-5　液化石油气钢瓶结构

以液氯为代表的钢质焊接气瓶，产品标准为《钢质焊接气瓶》(GB 5011—2011)，主要为三件组装型式，它的主要特点是内部有导管、环形垫板，气瓶底部有易熔塞底座和易熔合金塞，如图 1—6 所示。

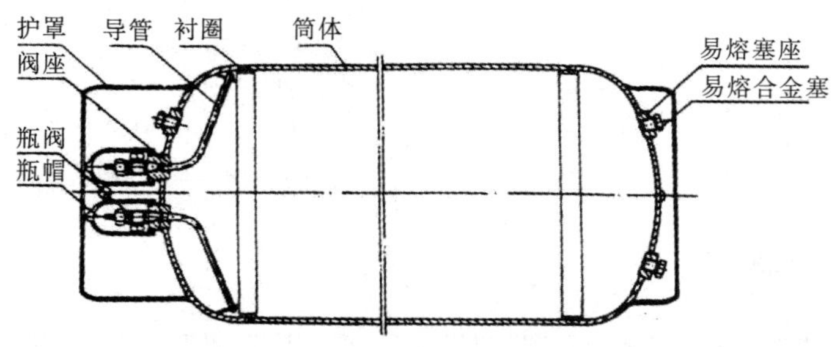

图 1-6　液氯焊接气瓶结构示意图

液化石油气钢瓶型号表示方法如下：

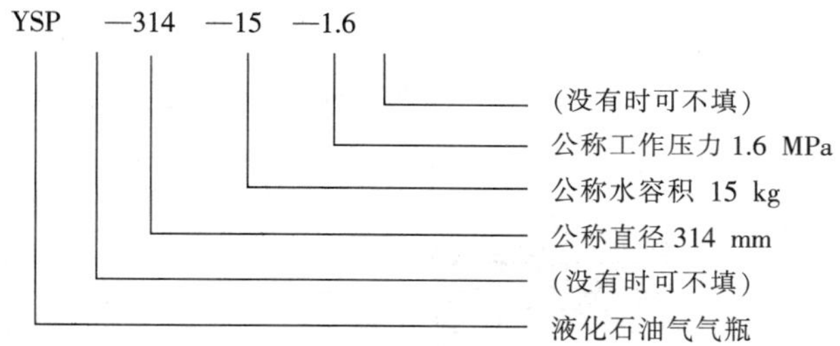

焊接气瓶型号表示方法如下：

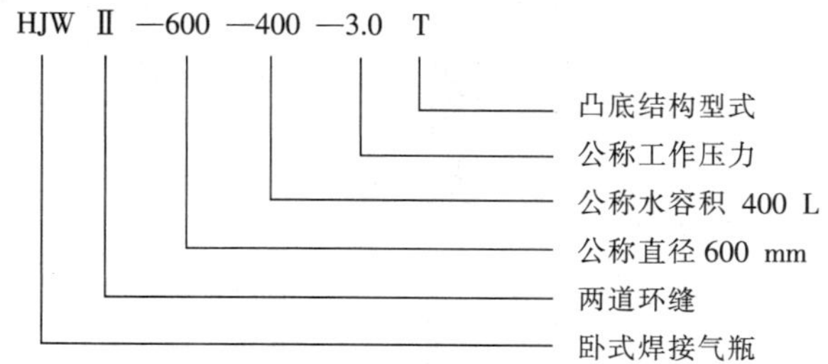

1.6.3　纤维缠绕气瓶

纤维缠绕气瓶是以金属材料或塑料为内层筒体(亦称瓶胆)，其外侧缠绕高强纤维并以树脂固化作为增强层的复合气瓶。代表性产品标准为《车用压缩天然气钢质内胆环向缠绕气瓶》(GB24160—2009)。

环向缠绕气瓶是用浸渍树脂的连续纤维在内胆的筒体部分进行环向缠绕，经固化而制成的气瓶。

全缠绕气瓶是用浸渍树脂的连续纤维在内胆外表面沿环向和径向缠绕，经固化而制成的气瓶。

钢质内胆环向缠绕车用天然气钢瓶型号表示方法如下：

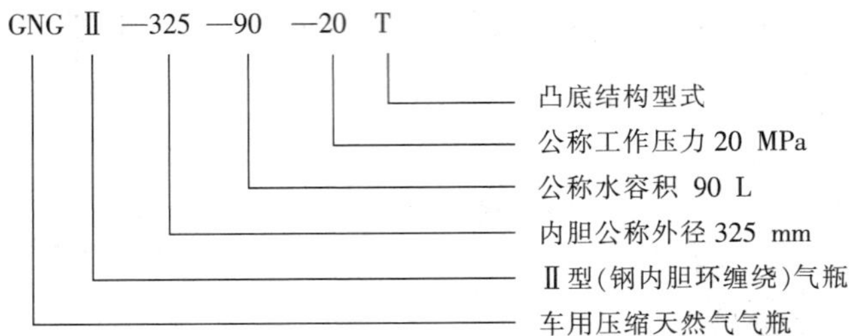

1.6.4 焊接绝热气瓶

产品标准为《焊接绝热气瓶》(GB 24159—2009)，焊接绝热气瓶设计有双层(真空)结构，如图 1—7 所示。内胆用来储存低温液态的介质，在其外壁缠有多层绝热材料，具有超强的隔热性能，同时夹套(两层容器之间的空间)被抽成高真空，共同形成良好的绝热系统。内胆设计有两级安全阀，在超压时起到保护作用。在超压情况下，首先打开主安全阀，副安全阀开启压力较主安全阀高，在主安全阀失灵或发生故障时，副安全阀工作。这样确保气瓶使用安全。

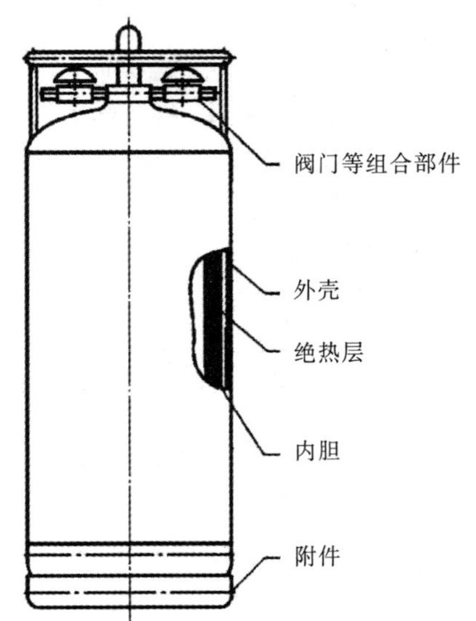

图 1-7　焊接绝热气瓶结构示意图

焊接绝热气瓶型号表示方法如下：

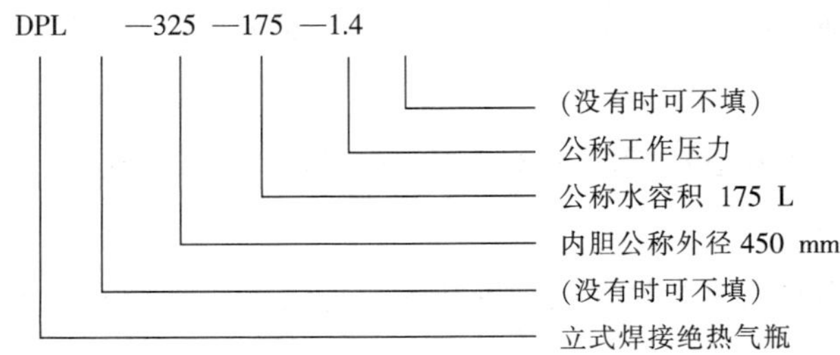

1.6.5　溶解乙炔气瓶

产品标准为《乙炔气瓶》(GB/T 11638—2020),目前国内制造的乙炔气瓶大都为公称容积 40 L 的三件组装型式,内部装有多孔填料,如图 1—8 所示。

填料应当是整体式结构,并且在任何情况下,不得与乙炔、溶剂、钢瓶、气瓶附件发生化学反应或者产生损害;填料孔隙率、抗压力度、表面孔洞以及填料与瓶壁的间隙等技术指标应当符合相应产品标准的要求。

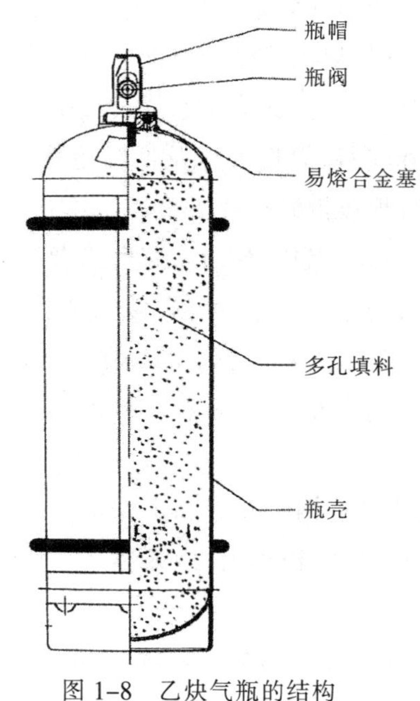

图 1-8　乙炔气瓶的结构

乙炔气瓶型号表示方法如下:

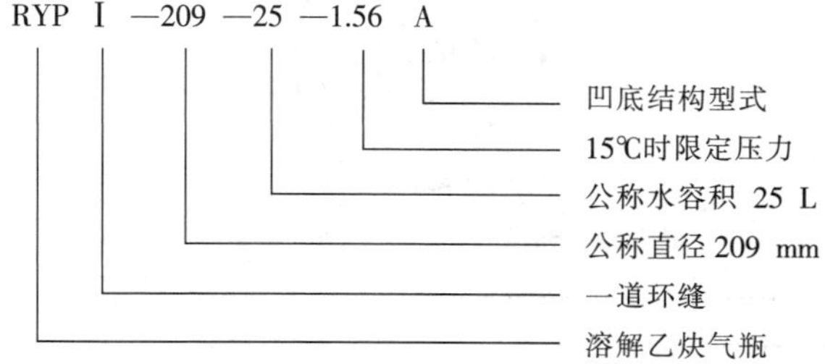

1.7　气瓶标志

气瓶标志包括制造标志、定期检验标志以及其他标志。制造标志分为钢印标志(含铭牌上的标志)、标签标志(粘贴于瓶体上的标志,下同)、印刷标志(印刷在瓶体上的标志,下同)、电子识读标志(包括射频标签及采用图像识别技术进行电子扫描读取数据的二维码等电子载体,下同)和气瓶颜色标志;定期检验标志分为钢印标志、电子识读标志、标签标志和涂敷标志等；制造单位应当在钢质燃气气瓶[④]的封头上压印内凹的盛装介质、制造年份、产权单位标志，在护罩上压印“人员密集的室内禁用”的字样；复合材料燃气气瓶应当在外套上压铸盛装介质、制造年份、产权单位标志，以及“人员密集的室内禁用”的字样。

氢气气瓶、纤维缠绕气瓶、燃气气瓶和车用气瓶的制造单位，应当在出厂的气瓶上设置可追溯的永久性电子识读标志。鼓励其他气瓶制造单位在出厂气瓶上设置可追溯的永久性电子识读标志。

钢质燃气气瓶上设置的电子识读标志应当直接镂刻或焊接在护罩上，并且确保在钢瓶使用年限内不可更换，并能有效识读。电子识读标志应当能够通过手机扫描方式链接到制造单位建立的气瓶产品公示平台，直接获取每只气瓶的产品信息数据。

气瓶钢印标志适用于无缝气瓶、焊接气瓶及低温绝热气瓶（含液化天然气气瓶），焊接气瓶中的工业用非重复充装焊接钢瓶除外。

气瓶钢印标志应当准确、清晰、完整，刻印在瓶肩或者铭牌、护罩等不可拆卸附件上；气瓶标志应当采用机械或者激光方法打印、蚀刻、镂刻等能够形成永久性标记的方式；设置电子识读标志并在制造单位公示网站上公示的气瓶，可以适当减少钢印标志的项目内容，但至少应当保留制造单位标识，许可证号、执行标准、充装介质以及气瓶制造年份、气瓶出厂编号。

（1）气瓶的钢印标志，包括制造钢印标志和定期检验钢印标志。钢印标志打在瓶肩上时，其位置如图 1—9(a)所示；打在护罩上时，如图 1—9(b)所示；打在铭牌上时，如图 1—9(c)所示。

注④：燃气气瓶是指盛装液化石油气、液化二甲醚等民用燃料气体的气瓶，分为钢质燃气气瓶和复合材料燃气气瓶。

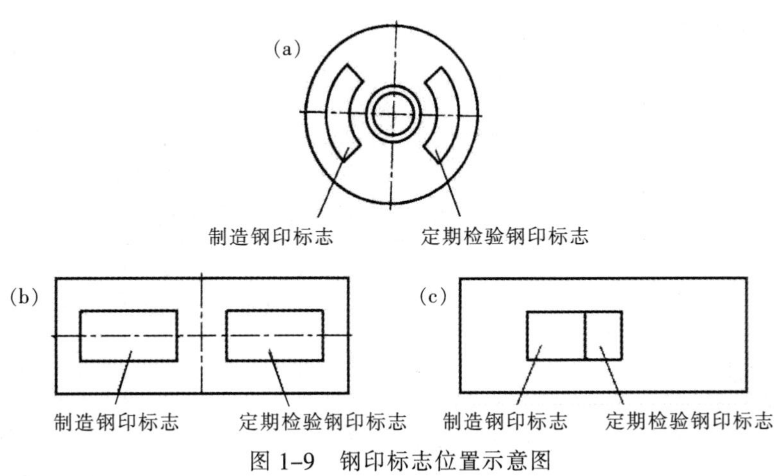

图 1-9　钢印标志位置示意图

（2）制造钢印标志的项目和排列，如图 1—10(a)、(b)、(c)和(d)所示，图 1—10(a)、(b)、(c)的具体项目和含义分别见表 1—10、表 1—11、表 1—12 所示。

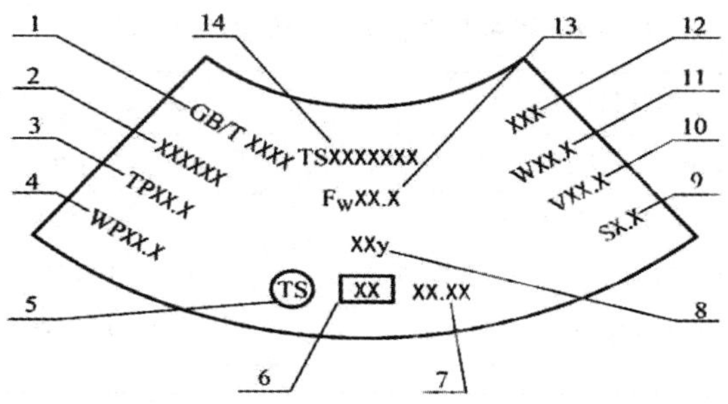

(a) 气瓶制造钢印的项目和排列(乙炔气瓶及低温绝热气瓶除外)

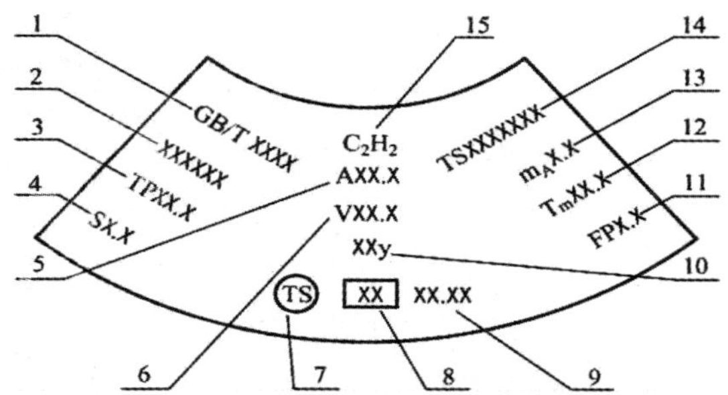

(b) 乙炔气瓶制造钢印标志的项目和排列

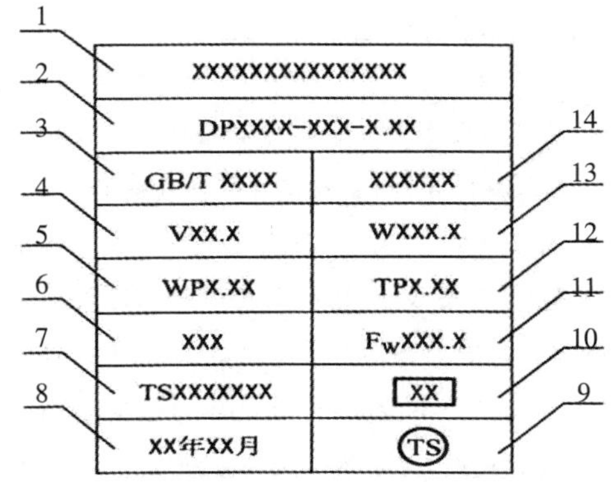

(c) 低温绝热气瓶制造钢印标志的项目和排列(竖版铭牌)

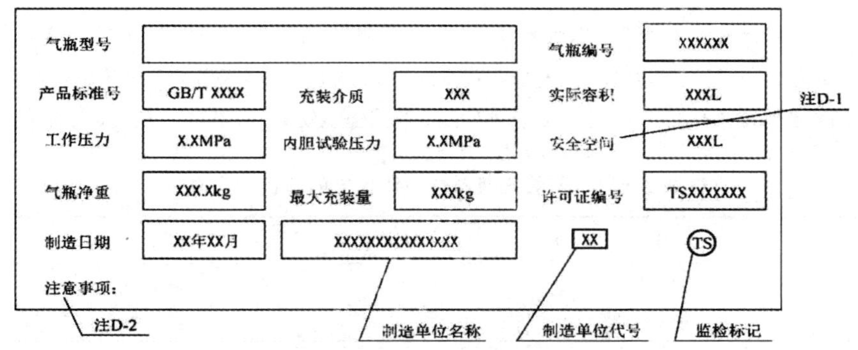

(d) 低温绝热气瓶制造钢印标志的项目和排列(横版铭牌)

图 1-10　制造钢印标志的项目和排列

注:D-1:对车用液化天然气气瓶,应当加印安全空间。D-2:对车用液化天燃气气瓶,铭牌上合适位置应当加印注意事项:本气瓶的气相安全空间仅适用于充装气压不小于 X. X MPa 的饱和 LNG。

表 1－10　气瓶制造钢印标志的项目和含义⑤⑥

编号	钢印项目(例)	含义
1	GB/T x x x x	产品标准号⑦
2	X X X X X X	气瓶编号
3	TPx x. x	水压试验压力，MPa
4	WP x x . x	公称工作压力，MPa
5	TS	监检标记
6	X X	制造单位代号
7	X X. X X	制造日期
8	x xy	设计使用年限，y
9	S x. x	瓶体设计壁厚，mm
10	Vx x. x	实际容积，L
11	Wx x. x	实际重量，kg
12	×××	充装气体名称或者化学分子式
13	Fw × × . ×	液化气体最大充装量，kg
14	TS××××××	气瓶制造许可证编号

注⑤：乙炔气瓶及焊接绝热气瓶除外。

注⑥：焊接气瓶、燃气钢瓶，实际重量和实际容积可以用理论重量和公称容积代替；无缝气瓶和低温绝热气瓶，实际容积可以用公称容积代替；充装液化气体的气瓶，应当打印液化气体最大充装量，车用燃气钢瓶最大充装量以瓶体水容积的 80％表示；混合气体应当在气体名称处打充装气体主组分（含量最多的组分）名称或者化学分子式，后接 M 字母加上混合气体的介质特性字母，M 与其后混合气体特性字母用“－”隔打，介质特性字母排列顺序为 T—毒性、O—氧化性、F—燃烧性、C—腐蚀性，有几种特性就加打几个字母。混合气体的特性分类按照《混合气体的分类》(GB/T 34710—2017)和相关标准执行。装配电子识读标志的混合气体气瓶，可以不打主组分而在电子识读标志对应的数据库中标注混合气体的主组分。

注⑦：表 1－10、表 1－11、表 1－12、图 1－10(c)，图 1－10(d)、图 1－13 及图 1－15 中，产品标准号为国家标准、团体标准或者企业标准号，如果企业标准在满足相应的气瓶国家标准的基础上进行补充或者修订，其标记方式应当为企业标准号加上(GB/T x x x x ，MOD)，例如，QB x x x x (GB/T x x x x，MOD)。

表 1－11　乙炔气瓶制造钢印标志的项目和含义

编号	钢印项目(例)	含义
1	GB/T x x x x	产品标准号
2	X X X X X X	气瓶编号
3	TPx x. x	瓶体水压试验压力，MPa
4	S x. x	瓶体设计壁厚，mm
5	Ax x. x	丙酮标志及丙酮规定充装量，kg
6	Vx x. x	瓶体实际容积，L

续表

编号	钢印项目(例)	含义
7	TS	监检标记
8	××	制造单位代号
9	X X. X X	制造日期
10	x xy	设计使用年限,y
11	FP x . x x	在基准温度 15℃时的限定压力,MPa

表 1－12　低温绝热气瓶制造钢印标志的项目和含义(竖版铭牌)

编号	钢印项目(例)	含义
1	×××××××××××	制造单位名称
2	DP× × ×－× ×－× . × ×	气瓶型号
3	GB/T × × × ×	产品标准号
4	V× ×. ×	内胆公称容积,L
5	WP × . × ×	公称工作压力,MPa
6	×××	允许充装介质(仅限一种)
7	TS × × × × × × ×	气瓶制造许可证编号
8	××年××月	制造年月
9	TS	监检标记
10	× ×	制造单位代号
11	Fw × × × . ×	最大充装量,kg
12	TP ×. × ×	内胆试验压力,MPa
13	W × × ×. ×	气瓶实际重量,kg
14	× × × × × ×	气瓶编号

(3) 制造钢印标志,可以在气瓶肩部位沿一条或者两条圆周线排列,如图 1－11 所示,具体的项目和含义见表 1－10 所示;对小容积无缝气瓶,当采用激光刻印时,也可以打在瓶体直线段靠近瓶肩部的圆周上。

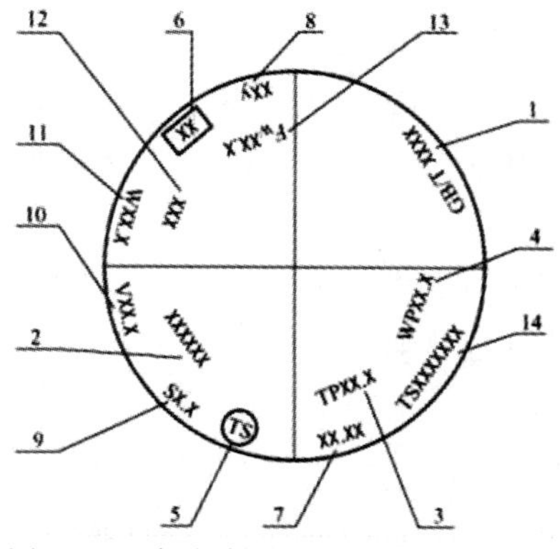

图 1-11　气瓶制造钢印的项目和排列

(4) 定期检验钢印标志，应当打在气瓶瓶体、铭牌或者护罩上，如图 1－12 所示。

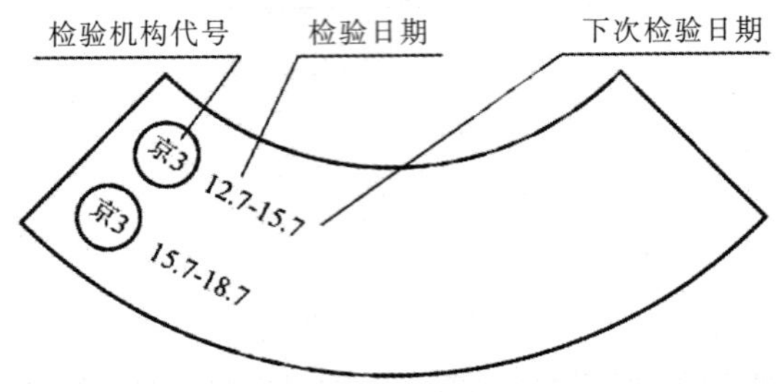

图 1-12　定期检验钢印标志

(5) 钢印标志应当排列整齐、清晰，钢印字体大小应当与气瓶大小相适应。例如，对公称容积为 40 L 的气瓶，字体高度应当为 5 mm～10 mm，深度为 0.5 mm。

缠绕气瓶的制造标志采用塑封标签，应当准确、清晰、完整；标志应当印刷在标签上，标签字体大小应当符合相关标准的规定。应当在每只气瓶缠绕层的表面层或者防护层下面植入标签，形成永久性标志。制造标签标志的项目和排列如图 1－13 所示；定期检验标签标志的项目和排列，如图 1－14 所示；金属内胆纤维环向缠绕气瓶，监检检查标志以及定期检验标签标志也可以钢印标志的方式印在气瓶瓶肩金属表面上。

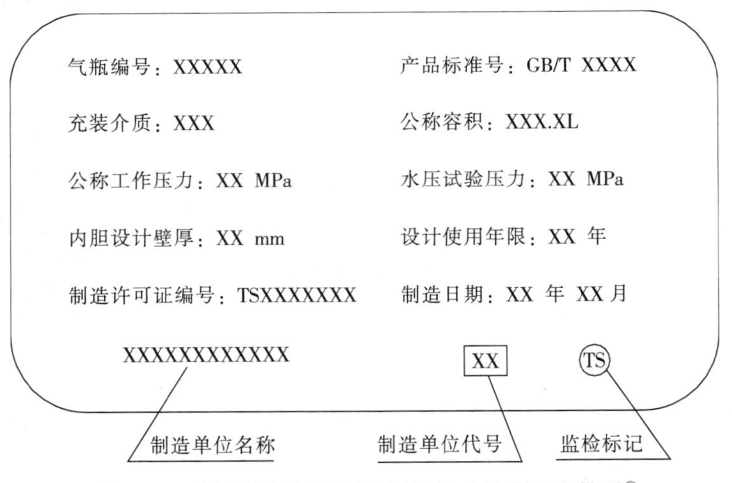

图 1-13　纤维缠绕气瓶制造标签标志的项目和排列⑧

注⑧：图 1－13 所示钢内胆设计壁厚适用于钢内胆环向缠绕气瓶，对于按照《呼吸器用复合气瓶》(GB/T 28053—2011)设计制造的纤维缠绕气瓶，该处标签标志内容应当为水压试验极限弹性膨胀量(REE)。

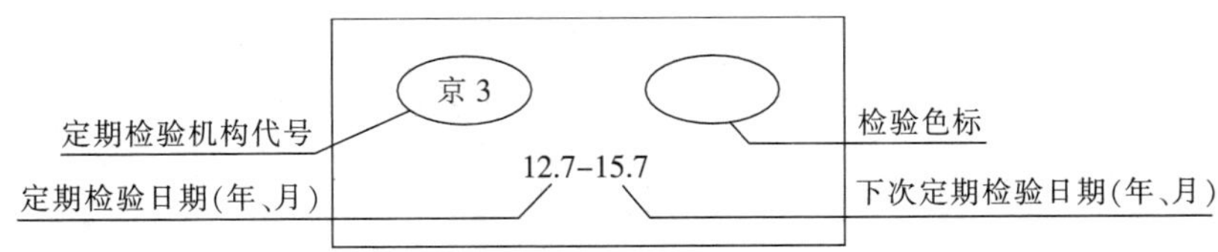

图 1-14　纤维缠绕气瓶定期检验标签标志的项目和排列

工业用非重复充装焊接钢瓶制造标志采用瓶体印字，标志应当准确、清晰、持久、防擦洗；标志字体大小应当符合相关标准的规定。标志应当以丝网印刷或者类似方式印刷在瓶体上，但不得损伤瓶体；标志的项目和排列如图1—15所示。

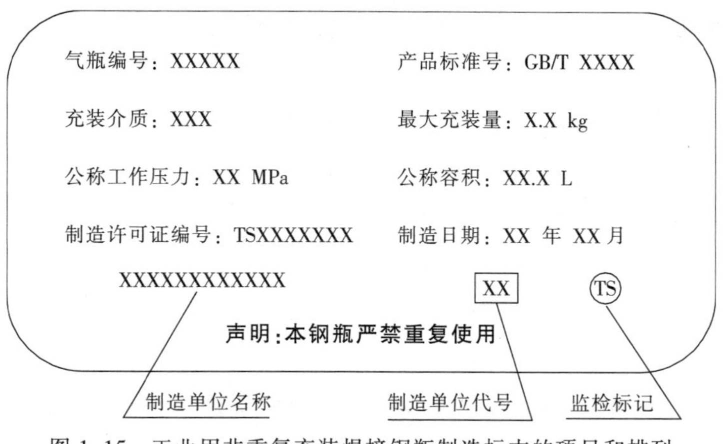

图1-15　工业用非重复充装焊接钢瓶制造标志的项目和排列

1.7.6　气瓶定期检验标志

气瓶定期检验机构应当在检验合格的气瓶上逐只做出永久性的检验合格标志，涂敷检验机构名称和下次检验日期（无法涂敷的气瓶可用检验标志环代替），并且在电子识读标志对应的数据库中录入检验信息。

无缝气瓶定期钢印标志上，应当按照检验年份涂检验色标，检验色标的颜色和形状如表1—12所示。

表1—12　检验色标的颜色和形状⑨

检验年份	颜色	形状
2020	粉红色(RP01)	椭圆形
2021	铁红色(R01)	椭圆形
2022	铁黄色(Y09)	椭圆形
2023	淡紫色(P01)	椭圆形
2024	深绿色(G05)	椭圆形
2025	粉红色(RP01)	矩形
2026	铁红色(R01)	矩形
2027	铁黄色(Y09)	矩形
2028	淡紫色(P01)	矩形
2029	深绿色(G05)	矩形

注⑨：(1)括号内的符号和数字表示该颜色的代号；(2)涂在瓶体上的检验色标，大小应当与气瓶大小相适应，如公称容积为40 L的气瓶，椭圆形的长轴约为80 mm，短轴约为40 mm；矩形约为80 mm×40 mm；(3)检验色标每10年为一个循环周期。

1.8 气瓶附件

气瓶附件，是指与气瓶瓶体直接相连的具有安全保护或者防护功能的气瓶组件或者仪表。气瓶附件是气瓶的重要组成部分，对气瓶安全使用起着非常重要的作用。气瓶附件包括：

(1) 气瓶安全附件，包括气瓶阀门(含组合阀件，简称瓶阀)、安全泄压装置、紧急切断装置等；

(2) 气瓶保护附件，包括固定式瓶帽、保护罩、底座、颈圈等；

(3) 安全仪表，包括压力表、液位计等。

1.8.1 瓶阀

瓶阀是气瓶专用阀门的统称，是气瓶的主要安全附件，它的主要功能是在气瓶充装、储存和使用过程中，控制气体的进出和流量的调节。可燃性气体瓶阀出口螺纹是左旋，非可燃性气体的是右旋。

1.8.1.1 瓶阀基本要求

(1) 瓶阀材料应符合相应标准的规定，所用材料既不与瓶内盛装气体发生化学反应，也不影响气体的质量。

(2) 瓶阀上与气瓶连接的螺纹，必须与瓶口内螺纹匹配，并符合相应标准的规定。瓶阀出气口的结构，应有效地防止气体错装、错用。

(3) 氧气和强氧化性气体气瓶的瓶阀密封材料，必须采用无油的阻燃材料。

(4) 液化石油气瓶阀的手轮材料，应具有阻燃性能。

(5) 瓶阀阀体上如装有爆破片，其公称爆破压力应为气瓶的水压试验压力。

(6) 同一规格、型号的瓶阀，重量允差不超过5%。

(7) 工业非重复充装瓶阀必须采用不可重复充装的结构，并且瓶阀与瓶体结构的连接采用焊接形式。

(8) 瓶阀出厂时，应逐只出具合格证，合格证上至少应注明制造单位名称、地址、特种设备制造许可证编号和TS标志、公称工作压力、公称通径、产品执行的标准代号等信息。

阀体上应有：型号、公称工作压力、制造厂商或商标、制造许可证编号和TS标志、最小设计使用年限、检验合格标记等永久性标志。如图1－16所示。

对于盛装可燃、有毒或者剧毒介质气瓶的瓶阀，制造单位还应当在瓶阀上装设电子识读标志，建立瓶阀产品质量安全追溯信息系统用于公示瓶阀的电子合格证，方便公众查询。

(a) 阀体上有制造厂商、制造许可证编号、TS 标志、最小设计使用年限

(b) 阀体上有型号、公称工作压力、最小设计使用年限

(c) 阀体上有批号、检验合格标记

图 1-16　液化石油气瓶阀阀体标识

1.8.1.2　瓶阀结构

瓶阀主要由阀体(包括出气口、与气瓶连接的进气口)、操作机构、启闭装置、保证内外部气密性的零部件等组成。此外,瓶阀可以根据使用需要设计增加其他零部件构件,如安全泄压装置、限流装置、止回装置、减压装置、虹吸管、出气口连接处的保护装置、余压保持装置等。

液化石油气瓶阀在出气口设置自闭装置(图 1－17、图 1－18)或者在进气口装设过流关闭装置;对于分别设置液相和气相出口、公称容积大于或者等于 100 L 的液化石油气钢瓶,液相出口所装设瓶阀的出气口采用快装接头。

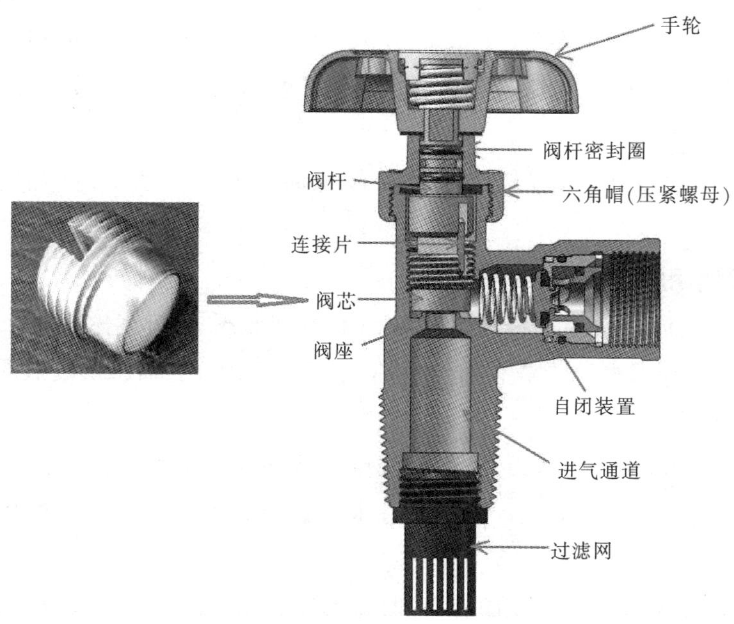

图 1-17　YSP35.5 液化石油气钢瓶瓶阀结构图

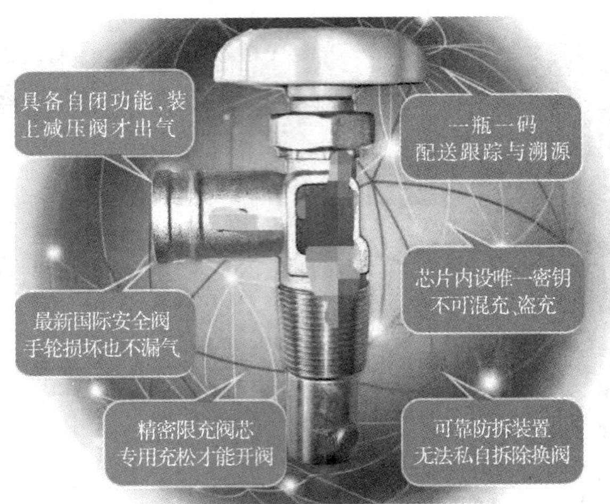

图 1-18　YSP35.5 液化石油气钢瓶瓶阀特点

氧气瓶阀结构具有剩余压力保持功能（采用先抽真空后充装工艺的气瓶阀门除外）。

根据瓶阀的特点，瓶阀一般分为以下几种类型：

(1) 按阀的密封型式，可分为压力密封式、O 形圈密封式、隔膜密封式、鼓形圈密封式、填料函密封式、活塞密封式等。

压力密封式：利用弹簧压缩力和气体压力，通过阀杆压紧密封圈，实现外部密封的阀（图 1－19）；

O 形圈密封式：在阀与压帽旋转部分利用 O 形圈实现外部密封的阀（图 1－20）；

隔膜密封式：在阀杆与活塞之间，利用膜片实现外部密封的阀（图 1－21）；

鼓形圈密封式：通过活门的上下移动，压缩鼓形圈，实现外部密封的阀（图 1－22）；

填料函密封式：在阀体与阀杆之间，通过压紧密封填料函，实现外部密封的阀（图 1－23）；

活塞密封式：在阀体与活门之间，利用 O 形圈的上下滑动实现外部密封的阀（图 1－24）。

(2) 按瓶阀作用，可分为截止阀、调压阀等。

(3) 按充装介质，可分为压缩气体瓶阀、液化气体瓶阀、溶解气体瓶阀、低温绝热气瓶瓶阀。按照具体介质又可分为液化石油气瓶阀、氧气瓶阀、溶解乙炔气瓶阀、氧气瓶阀、液氯瓶阀、液氨瓶阀等。

(4) 按充装次数，可分为非重复充装瓶阀和重复充装瓶阀两种。

(5) 按安全泄压装置，可分为带安全泄压装置的瓶阀和不带安全泄压装置的瓶阀两种。

(6) 按用途，可分为工业用瓶阀、医用瓶阀、消防用瓶阀、车用瓶阀、低温绝热瓶阀等。

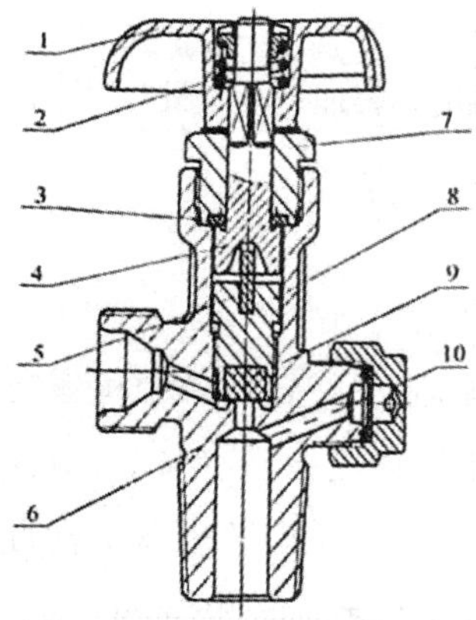

1-手轮；2-弹簧；3-密封圈；4-阀杆；
5-连接板；6-阀体；7-阀杆；8-活门；
9-密封垫；10-爆破片装置

图 1-19　压力密封式

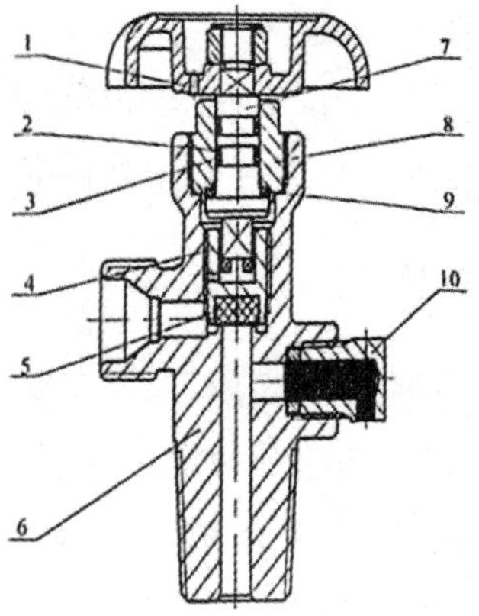

1-手轮；2-密封挡圈；3-O 形圈；4-活门；
5-密封垫；6-阀体；7-阀杆；8-压帽；9-减磨垫；
10-爆破片-易熔合金塞复合装置

图 1-20　O 形圈密封式

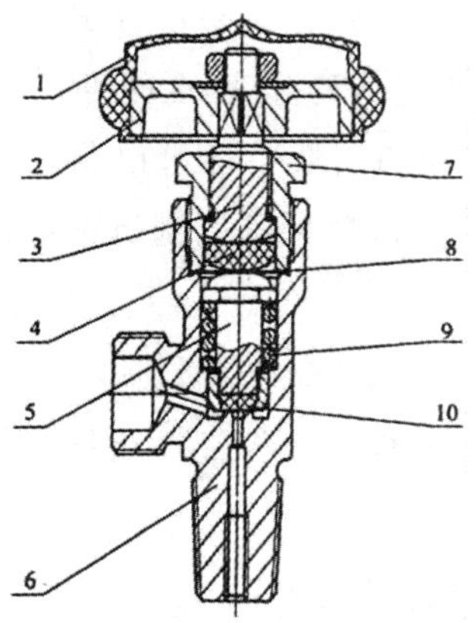

1-手轮套；2-手轮；3-阀杆；4-垫块；
5-活塞；6-阀体；7-压帽；8-膜片；
9-弹簧；10-密封垫

图 1-21　隔膜密封式

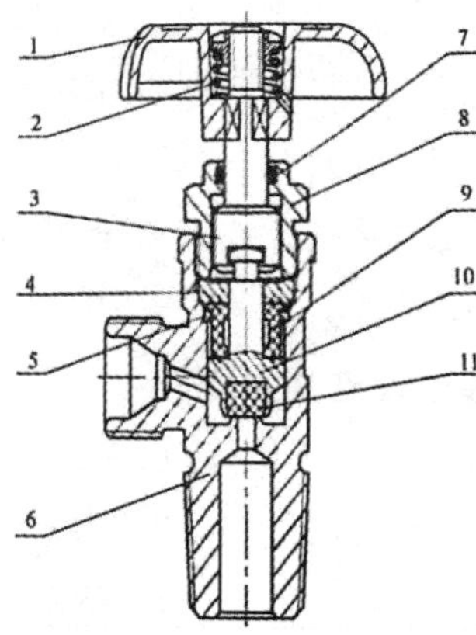

1-手轮；2-弹簧；3-阀杆；4-垫轨圈；
5-支承圈；6-阀体；7-O 形圈；8-压帽；
9-鼓形圈；10-活塞；11-密封垫

图 1-22　鼓形圈密封式

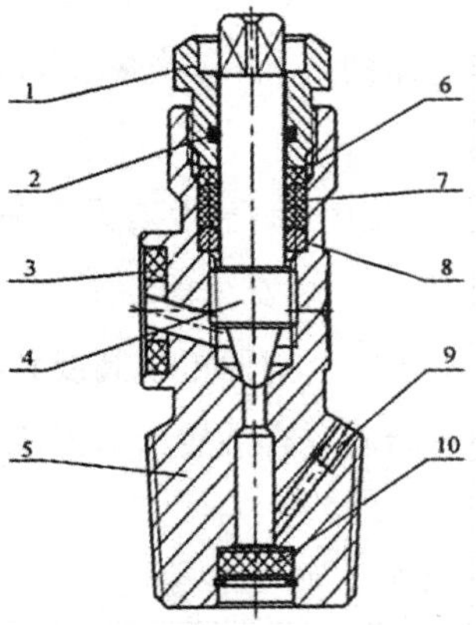

1-压帽；2-O 形圈；3-密封圈；4-阀杆；
5-阀体；6-压环；7-密封填料函；8-支承圈；
9-易熔合金塞装置；10-过滤装置

图 1-23　填料函密封式

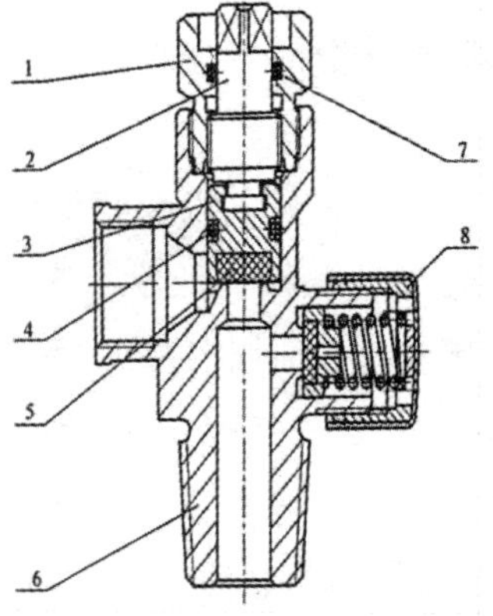

1-压帽；2-阀杆；3-活塞；4-O 形圈；
5-密封垫；6-阀体；7-O 形圈；
8-弹簧式泄压装置

图 1-24　活塞式密封式

1.8.1.3　瓶阀安装

气瓶充装等单位应当采用力矩扳手或者力矩装阀机安装瓶阀，并且应当防止异物落入气瓶；力矩大小应当符合相关标准的规定。

1.8.2　安全泄压装置

气瓶是否应设置超压、超温安全泄放装置（以下简称泄放装置），各个国家有争议，但每一个国家都有明确的规定。我国相关规程规定：充装氰化氢、光气（又名：氧氯化碳、碳酰氯、氯代甲酰氯等）、溴甲烷、四氧化二氮气体的气瓶，因为这些气体都是剧毒气体，一旦泄放会造成极大的危害，因此，严禁安装泄放装置。另外充装一甲胺和三甲胺的气瓶不适于安装泄放装置。

1.8.2.1　基本要求

气瓶专用的安全泄压装置分为温度驱动型和压力驱动型，包括易熔合金塞或者玻璃泡装置、爆破片装置（或者爆破片）、爆破片—易熔合金塞复合装置、安全阀等。

爆破片、安全阀的制造单位应当取得制造许可；瓶阀的制造单位可以制造本单位瓶阀产品上装设的爆破片或者安全阀；非重复充装气瓶的制造单位可以制造本单位气瓶产品上装设的爆破片。

1.8.2.2　装设及选用原则

(1) 车用气瓶、乙炔气瓶、焊接绝热气瓶、液化气体气瓶集束装置以及长管拖车和管束式集装箱用大容积气瓶，应当装设安全泄压装置；

(2) 盛装剧毒气体、自燃气体的气瓶，禁止装设安全泄压装置；

(3) 盛装有毒气体的气瓶不应当单独装设安全阀，盛装高压有毒气体的气瓶应当选用爆破片—易熔合金塞复合装置；

(4) 燃气气瓶和氧气、氮气以及惰性气体气瓶，一般不装设安全泄压装置；

(5) 盛装易于分解或者聚合的可燃气体、溶解易燃气体的气瓶，应当装设易熔合金塞装置；

(6) 盛装液化天然气以及其他可燃气体的低温绝热气瓶内胆，至少装设 2 只安全阀；盛装其他低温液化气体的低温绝热气瓶，应当装设爆破片装置和安全阀；

(7) 车用液化石油气钢瓶、车用二甲醚钢瓶，应当装设带安全阀的组合阀或者分立的安全阀；车用压缩天然气气瓶，应当装设爆破片—易熔合金塞串联复合装置或者玻璃泡装置；

(8) 工业用非重复充装焊接钢瓶应当装设爆破片。

所列以外的气瓶，依据相关标准及设计文件要求装设安全泄压装置。

1.8.2.3　几种常见的安全泄压装置

(1) 爆破片式泄放装置

由于装置中有一片能耐瓶内气体侵蚀的金属膜片，其内侧与瓶内气体相接触，外侧与大气相通。当瓶内压力超过气瓶安全使用压力时则爆破片破裂,瓶内气体便从泄压帽上的小孔里排出,从而防止气瓶的超压爆炸。这种泄放装置结构简单,不易泄漏,在落上火花时不易造成误动作。但因金属疲劳等因素其动作压力不易控制,技术上不易掌握,在火灾场合下,不能防止气瓶的爆炸与飞出,而且从事故实例的分析情况来看,带有爆破片式泄放装置的气瓶,事故比例较大。因此爆破片式泄放装置适用于充装不可燃的永久气体或高压液化气体气瓶。

(2) 压力泄放装置

简称泄压装置,为防止气瓶内部压力异常升高而设置的泄压装置,包括安全阀、爆破片、易熔合金塞及爆破片与易熔合金塞的组合结构等型式。

(3) 易熔合金塞装置

易熔合金塞装置是易熔合金塞与易熔塞座的组合。这种泄放装置中浇铸有易熔合金,当气瓶受到外界热源的影响,使瓶内气体压力骤然升高时,易熔合金被熔化,瓶内气体即可从易熔合金塞式泄放装置的小孔排出瓶外,从而防止气瓶因超压而爆炸。

易熔合金塞式泄放装置制造技术简单,温度上升时动作敏感,维护保养也方便。但容易受到外界热源影响,容易造成误动作。

易熔合金塞式泄放装置适用于乙炔气瓶和氨气瓶。

(4) 爆破片

气瓶因超装或环境温度异常升高而导致压力升高时,能够因超压而迅速动作或破裂,泄放出瓶内介质的压力敏感元件。

(5) 安全阀泄压阀

气瓶因超装或环境温度异常升高而导致压力升高时,能够泄放出瓶内超压介质,当瓶内超压介质泄放后能够自动恢复正常压力保持状态的安全泄放装置。

1.8.3　气瓶保护附件

瓶帽的功能在于避免气瓶在搬运和使用过程中,由于碰撞而损伤瓶阀,甚至造成瓶阀飞出、气瓶爆炸等严重事故。因此,气瓶在运输、储存中必须佩戴好瓶帽。

(1) 无缝气瓶出厂时,应当装配不影响瓶阀手轮正常使用的保护罩,常见样式如图 1－24 所示,并且不得装配螺纹式瓶帽;

(2) 公称容积大于或者等于 10 L 的钢质焊接气瓶(含乙炔气瓶),应当装配不可拆卸的保护罩或者固定式瓶帽;

(3) 气瓶保护罩或者固定式瓶帽应当具有良好的抗撞击性,不得用铸铁制造;公称容积小于或者等于 5 L 的钢质无缝气瓶和公称容积小于或者等于 15 L 的铝合金无缝气瓶的保护罩,可以用工程塑料制造;

(4) 不能靠瓶底竖立的气瓶,应当装配底座(采用固定支架或者集装框架的气瓶除外)，使气瓶能够稳定竖立，并且有效防止气瓶底部锈蚀；

(5) 5 L 以上的无缝气瓶应当装配颈圈，并且在颈圈上设置适当的电子识读标志。

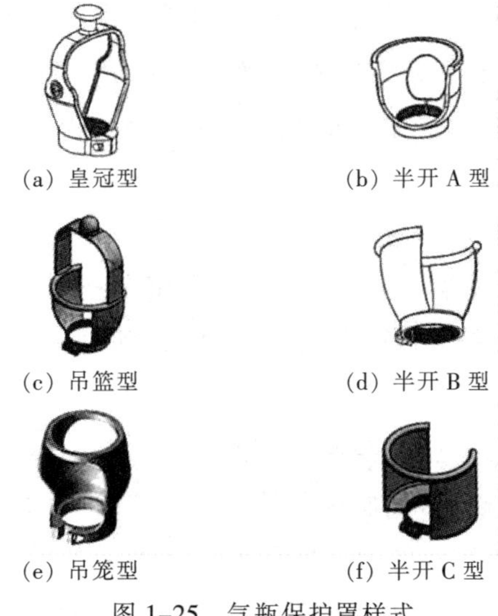

(a) 皇冠型　(b) 半开 A 型

(c) 吊篮型　(d) 半开 B 型

(e) 吊笼型　(f) 半开 C 型

图 1–25　气瓶保护罩样式

1.8.4　安全仪表及其他附件

气瓶上设置的压力表、液位计等安全仪表，以及限充限流装置、限液位装置等其他附件，应当符合相关产品标准的要求，所用的密封件等材料应当与所盛装的介质具有相容性。

1.9　气瓶颜色标志、字样和色环

气瓶颜色标志是针对气瓶不同的充装介质，按照有关标准对气瓶外表面的涂敷颜色、字样、字色、色环等内容作规定的组合，作为识别瓶装气体的标志。瓶帽、护罩、瓶耳、底座等颜色应与瓶色一致。

色环是针对公称工作压力不同的气瓶，充装同一种气体而具有不同充装压力和不同充装系数的识别标志。

气瓶外表面的颜色标志、字样和色环，应当符合《气瓶颜色标志》(GB/T 7144—2016)的要求；颜色标志、字样和色环有特殊要求的，还应当符合相关产品标准的要求；对未列入国家标准的气瓶颜色标志、字样和色环，应当制定团体标准。气瓶的显著部位应当标注办理使用登记的气瓶充装单位名称或者简称。常用气体的气瓶颜色标志见表 1—13 所示。

针对燃气气瓶专用颜色标志要求如下：

(1) 气瓶使用登记机关可以在市(县)区域内，规定在本区域内充装的燃气气瓶采用统一的专用颜色标志；

(2) 自有产权气瓶超过一定数量的燃气气瓶充装单位，经过气瓶使用登记机关同意后，可以在办理了使用登记的气瓶上涂敷本充装单位专用的颜色标志。

针对盛装液氧(O_2)、氧化亚氮(N_2O)和液化天然气(LNG)等介质的低温绝热气瓶(含汽车用液化天然气气瓶)，应当在外壳上封头的显著部位，压制明显凸起的“O_2”“N_2O”“LNG”等充装的介质符号标志。

表 1－13　气瓶颜色标志一览表

序号	充装气体	化学式(或符号)	体色	字样	字色	色环
1	空气	Air	黑	空气	白	$p=20$，白色单环 $p\geqslant 30$，白色双环
2	氩	Ar	银灰	氩	深绿	
3	氟	F_2	白	氟	黑	
4	氦	He	银灰	氦	深绿	
5	氪	Kr	银灰	氪	深绿	
6	氖	Ne	银灰	氖	深绿	
7	一氧化氮	NO	白	一氧化氮	黑	
8	氮	N_2	黑	氮	白	$p=20$，白色单环 $p\geqslant 30$，白色双环
9	氧	O_2	淡(酞)蓝	氧	黑	
10	二氟化氧	OF_2	白	二氟化氧		大红
11	一氧化碳	CO	银灰	一氧化碳		
12	氘	D_2	银灰	氘		
13	氢	H_2	淡绿	氢	大红	$p=20$，大红单环 $p\geqslant 30$，大红双环
14	甲烷	CH_4	棕	甲烷	白	$p=20$，白色单环 $p\geqslant 30$，白色双环
15	天然气	CNG	棕	天然气	白	
16	空气(液体)	Air	黑	液化空气	白	
17	氩(液体)	Ar	银灰	液氩	深绿	
18	氦(液体)	He	银灰	液氦	深绿	
19	氢(液体)	H_2	淡绿	液氢	大红	
20	天然气(液体)	LNG	棕	液化天然气	白	
21	氮(液体)	N_2	黑	液氮	白	
22	氖(液体)	Ne	银灰	液氖	深绿	
23	氧(液体)	O_2	淡(酞)蓝	液氧	黑	
24	三氟化硼	BF_3	银灰	三氟化硼	黑	
25	二氧化碳	CO_2	铝白	液化二氧化碳	黑	$p=20$，黑色单环
26	碳酰氟	CF_2O	银灰	液化碳酰氟	黑	
27*	三氟氯甲烷	CF_3Cl	铝白	液化三氟氯甲烷 R-13	黑	$p=12.5$，黑色单环

续表

序号	充装气体	化学式（或符号）	体色	字样	字色	色环
28	六氟乙烷	C_2F_6	铝白	液化六氟乙烷	黑	
29	氯化氢	HCl	银灰	液化氯化氢	黑	
30	三氟化氮	NF_3	银灰	液化三氟化氮	黑	
31	一氧化二氮	N_2O	银灰	液化笑气	黑	$p=15$，黑色单环
32	五氟化磷	PF_5	银灰	液化五氟化磷	黑	
33	三氟化磷	PF_3	银灰	液化三氟化磷	黑	
34	四氟化硅	SiF_4	银灰	液化四氟化硅 R-764	黑	
35	六氟化硫	SF_6	银灰	液化六氟化硫	黑	$p=12.5$，黑色单环
36	四氟甲烷	CF_4	铝白	液化四氟甲烷 R-14	黑	
37	三氟甲烷	CHF_3	铝白	液化三氟甲烷 R-23	黑	
38	氙	Xe	银灰	液氙	深绿	$p=20$，白色单环 $p=30$，白色双环
39	1,1-二氟乙烯	$C_2H_2F_2$	银灰	液化二氟乙烯 R-1132a	大红	
40	乙烷	C_2H_6	棕	液化乙烷	白	$p=15$，白色单环 $p=20$，白色双环
41	乙烯	C_2H_4	棕	液化乙烯	淡黄	
42	磷化氢	PH_3	白	液化磷化氢	大红	
43	硅烷	SiH_4	银灰	液化硅烷	大红	
44	乙硼烷	B_2H_6	白	液化乙硼烷	大红	
45	氟乙烯	C_2H_3F	银灰	液化氟乙烯 R-1141	大红	
46	锗烷	GeH_4	白	液化锗烷	大红	
47	四氟乙烯	C_2F_4	银灰	液化四氟乙烯	大红	
48	二氟溴氯甲烷	$CBrCl_{F2}$	铝白	液化二氟溴氯甲烷 R-12B1	黑	
49	三氯化硼	BCl_3	银灰	液化三氯化硼	黑	
50	溴三氟甲烷	$CBrF_3$	铝白	液化溴三氟甲烷 R-13B1	黑	$p=12.5$，黑色单环
51	氯	Cl_2	深绿	液氯	白	
52	氯二氟甲烷	$CHClF_2$	铝白	液化氯二氟甲烷 R-22	黑	
53①	氯五氟乙烷	CF_3-CClF_2	铝白	液化氯五氟乙烷 R-115	黑	
54	氯四氟甲烷	$CHClF_4$	铝白	液化氯四氟甲烷 R-124	黑	
55	氯三氟乙烷	CH_2Cl-CF_3	铝白	液化氯三氟乙烷 R-133a	黑	
56②	二氯二氟甲烷	CCl_2F_2	铝白	液化二氯二氟甲烷 R-12	黑	
57	二氯氟甲烷	$CHCl_2F$	铝白	液化二氯氟甲烷 R-21	黑	
58	三氧化二氮	N_2O_3	白	液化三氧化二氮	黑	
59③	二氯四氟乙烷	$C_2Cl_2F_4$	铝白	液化氯氟烷 R-114	黑	

续表

序号	充装气体	化学式（或符号）	体色	字样	字色	色环
60	七氟丙烷	CF_3CHFCF_3	铝白	液化七氟丙烷 R-227e	黑	
61	六氟丙烷	C_3F_6	银灰	液化六氟丙烷 R-1216	黑	
62	溴化氢	HBr	银灰	液化溴化氢	黑	
63	氟化氢	HF	银灰	液化氟化氢	黑	
64	二氧化氮	NO_2	白	液化二氧化氮	黑	
65	八氟环丁烷	C_4F_8	铝白	液化氟氯烷 R-C318	黑	
66	五氟乙烷	$CH_2F_2CF_3$	铝白	液化五氟乙烷 R-125	黑	
67	碳酰二氯	$COCl_2$	白	液化光气	黑	
68	二氧化硫	SO_2	银灰	液化二氧化硫	黑	
69	硫酰氟	SO_2F_2	银灰	液化硫酰氟	黑	
70	1,1,1,2-四氟乙烷	CH_2FCF_3	铝白	液化四氟乙烷 R-134a	黑	
71	氨	NH_3	淡黄	液氨	黑	
72	锑化氢	SbH_3	银灰	液化锑化氢	大红	
73	砷烷	AsH_3	白	液化砷化氢	大红	
74	正丁烷	C_4H_{10}	棕	液化正丁烷	白	
75	1-丁烯	C_4H_8	棕	液化丁烯	淡黄	
76	(顺)2-丁烯	C_4H_8	棕	液化顺丁烯	淡黄	
77	(反)2-丁烯	C_4H_8	棕	液化反丁烯	淡黄	
78	氯二氟乙烷	CH_3CClF_2	铝白	液化氯二氟乙烷 R-142b	大红	
79	环丙烷	C_3H_6	棕	液化环丙烷	白	
80	二氯硅烷	SiH_2Cl_2	银灰	液化二氯硅烷	大红	
81	偏二氟乙烷	CF_2CH_3	铝白	液化偏二氟乙烷 R-152a	大红	
82	二氟甲烷	CH_2F_2	铝白	液化二氟甲烷 R-32	大红	
83	二甲胺	$(CH_3)_2NH$	银灰	液化二甲胺	大红	
84	二甲醚	C_2H_6O	淡绿	液化二甲醚	大红	
85	乙硅烷	SiH_6	银灰	液化乙硅烷	大红	
86	乙胺	$C_2H_6NH_2$	银灰	液化乙胺	大红	
87	氯乙烷	C_2H_5Cl	银灰	液化氯乙烷 R-160	大红	
88	硒化氢	H_2Se	银灰	液化硒化氢	大红	
89	硫化氢	H_2S	白	液化硫化氢	大红	
90	异丁烷	C_4H_{10}	棕	液化异丁烷	白	
91	异丁烯	C_4H_8	棕	液化异丁烯	淡黄	

续表

<table>
<tr><th>序号</th><th colspan="2">充装气体</th><th>化学式
（或符号）</th><th>体色</th><th>字样</th><th>字色</th><th>色环</th></tr>
<tr><td>92</td><td colspan="2">甲胺</td><td>CH_3NH_2</td><td>银灰</td><td>液化甲胺</td><td>大红</td><td></td></tr>
<tr><td>93</td><td colspan="2">溴甲烷</td><td>CH_3Br</td><td>银灰</td><td>液化溴甲烷</td><td>大红</td><td></td></tr>
<tr><td>94</td><td colspan="2">氯甲烷</td><td>CH_3Cl</td><td>银灰</td><td>液化氯甲烷</td><td>大红</td><td></td></tr>
<tr><td>95</td><td colspan="2">甲硫醇</td><td>CH_3SH</td><td>银灰</td><td>液化甲硫醇</td><td>大红</td><td></td></tr>
<tr><td>96</td><td colspan="2">丙烷</td><td>C_3H_8</td><td>棕</td><td>液化丙烷</td><td>白</td><td></td></tr>
<tr><td>97</td><td colspan="2">丙烯</td><td>C_3H_6</td><td>棕</td><td>液化丙烯</td><td>淡黄</td><td></td></tr>
<tr><td>98</td><td colspan="2">三氯硅烷</td><td>SiHCl</td><td>银灰</td><td>液化三氯硅烷</td><td>大红</td><td></td></tr>
<tr><td>99</td><td colspan="2">1,1,1－三氟乙烷</td><td>CHF_3CH_2</td><td>铝白</td><td>液化三氟乙烷 R－143a</td><td>大红</td><td></td></tr>
<tr><td>100</td><td colspan="2">三甲胺</td><td>$(CH_3)_3N$</td><td>银灰</td><td>液化三甲胺</td><td>大红</td><td></td></tr>
<tr><td rowspan="2">101</td><td rowspan="2">液化石油气</td><td>工业用</td><td></td><td>棕</td><td>液化石油气</td><td>白</td><td></td></tr>
<tr><td>民用</td><td></td><td>银灰</td><td>液化石油气</td><td>大红</td><td></td></tr>
<tr><td>102</td><td colspan="2">1,3－丁二烯</td><td>C_4H_6</td><td>棕</td><td>液化丁二烯</td><td>淡黄</td><td></td></tr>
<tr><td>103</td><td colspan="2">氯三氟乙烯</td><td>C_2F_3Cl</td><td>银灰</td><td>液化氯三氟乙烯 R－1113</td><td>大红</td><td></td></tr>
<tr><td>104</td><td colspan="2">环氧乙烷</td><td>CH_2OCH_2</td><td>银灰</td><td>液化环氧乙烷</td><td>大红</td><td></td></tr>
<tr><td>105</td><td colspan="2">甲基乙烯基醚</td><td>C_3H_6O</td><td>银灰</td><td>液化甲基乙烯基醚</td><td>大红</td><td></td></tr>
<tr><td>106</td><td colspan="2">溴乙烯</td><td>C_2H_3Br</td><td>银灰</td><td>液化溴乙烯</td><td>大红</td><td></td></tr>
<tr><td>107</td><td colspan="2">氯乙烯</td><td>C_2H_3Cl</td><td>银灰</td><td>液化氯乙烯</td><td>大红</td><td></td></tr>
<tr><td>108</td><td colspan="2">乙炔</td><td>C_2H_2</td><td>白</td><td>乙炔不可近火</td><td>大红</td><td></td></tr>
</table>

注①：色环栏内的 p 是气瓶的公称工作压力，单位为兆帕(MPa)；车用压缩天然气钢瓶可不涂色环。

注②：序号加＊的，是 2010 年后停止生产和使用的气体。

注③：充装液氧、液氮、液化天然气等不涂敷颜色的气瓶，其体色和字色指瓶体标签的底色和字色。

1.10　气瓶搬运、装卸、储存

气瓶搬运、装卸、储存和使用应遵守《气瓶搬运、装卸、储存和使用安全规定》(GB/T34525—2017)，作业人员应按有关规定持证上岗，并了解所作业气瓶及瓶内介质的特性、相关要求和发生事故时的应急处置技术，应经常检查气瓶的安全情况，发现问题及时采取措施。

(1) 搬运气瓶时，要旋紧瓶帽，以直立向上的位置来移动，注意轻装轻卸，禁止从瓶帽处提升气瓶。

(2) 近距离(5 m 内)移动气瓶，应手扶瓶肩转动瓶底，并且要使用手套。移动距离较远时，应使用专用小车搬运，特殊情况下可采用适当的安全方式搬运。

(3) 禁止用身体搬运高度超过 1.5 m 的气瓶到手推车或专用吊篮等里面，可采用手扶瓶肩转动瓶底的滚动方式。

（4）卸车时应在气瓶落地点铺上软垫或橡胶皮垫，逐个卸车，严禁溜放。

（5）装卸氧气瓶时，工作服、手套和装卸工具、机具上不得粘有油脂。

（6）当提升气瓶时，应使用专用吊篮或装物架。不得使用钢丝绳或链条吊索。严禁使用电磁起重机和链绳。

充装单位应当以纸质印刷或者扫描二维码方式显示对气瓶的安全用气使用说明，对瓶装气体使用者进行安全常识教育，告知其应当遵守以下安全守则：

（1）禁止将盛装气体的气瓶置于人员密集或者靠近热源的场所，禁止使用任何热源对气瓶进行加热。

（2）瓶装气体使用者应当购买和使用符合相关规程要求的气瓶盛装的气体，不得购买和使用超过检验有效期或者报废的气瓶盛装的气体。

（3）在可能造成气体回流的瓶装气体使用场合，用气设施上应当配置防止倒灌的装置，如单向阀、止回阀、缓冲罐等。

（4）在瓶内压力较高、不能直接使用气体的场合，应当在气瓶出气口装设减压阀，减压阀应当符合相关标准的规定，并且在有效期内使用；瓶装气体用户应当确保减压阀与气瓶阀门连接牢固、密封可靠。

（5）按照相关标准的规定，保持气瓶内具有规定的剩余气体压力或者剩余气体重量。

（6）运输瓶装气体时，气瓶应当整齐放置；横放时，瓶端应当朝向一致；立放时，要妥善固定，防止气瓶倾倒；严禁抛、滑、滚、碰、撞、敲击气瓶；吊装气瓶或者气瓶集束装置时，严禁使用电磁起重机和金属链绳。

（7）储存瓶装气体实瓶④时，存放空间温度超过 60 ℃的，应当采用喷淋等冷却措施；空瓶⑤与实瓶应当分开放置，并且有明显标志；实瓶内气体互相接触会发生反应，可能引起燃烧、爆炸、产生有毒有害物质的，应当分室隔离存放，并且在附近配有防毒用具和消防器材；对于储存易发生聚合反应或者分解反应气体的实瓶，应当根据气体的性质，控制存放空间的最高温度和限定储存数量、保存期限；实瓶储存数量较大的单位应当制定应急预案并定期进行演练。

（8）车用液化天然气气瓶的使用单位应当在车辆的明显位置标注“液化天然气汽车”字样，禁止将安装液化天然气气瓶的机动车辆驶入或者停放在建筑物内的停车场（库）等封闭空间。

（9）盛装可燃、助燃或者毒性介质的低温绝热气瓶，不得在封闭或者受限空间场所存放和使用。

注：④ 实瓶是指充装有规定量气体的气瓶。

注：⑤ 空瓶是指气瓶出厂或者定期检验后，按照规定向气瓶内充入压力低于 0.275 MPa（21℃ 时）的氮气等保护性气体的气瓶。

1.11　气瓶定期检验

气瓶定期检验，是指特种设备检验机构(以下简称检验机构)按照一定的时间周期，根据《气瓶安全技术规程》(TSG23—2021)、有关安全技术规范以及相关标准的规定，对气瓶安全状况所进行的符合性验证活动，以及对报废气瓶进行消除使用功能的破坏性处理。

气瓶的定期检验周期按照表 1－14 执行。气瓶(车用气瓶除外)的首次定期检验日期应当从气瓶制造日期起计算，车用气瓶的首次定期检验日期应当从气瓶使用登记日期起计算，但制造日期与使用登记日期的间隔不得超过 1 个定期检验周期。

有下列情况之一的气瓶，应当及时进行定期检验：

(1) 有严重腐蚀、损伤，或者对其安全可靠性有怀疑的；

(2) 库存或者停用时间超过一个检验周期后投入使用的；

(3) 发生交通事故，可能影响车用气瓶安全的；

(4) 气瓶相关标准规定需要提前进行定期检验的其他情况，以及检验人员认为有必要提前检验的。

已建立气瓶充装信息平台的充装单位检验的自有产权燃气气瓶，如果充装单位在定期检验周期内为每只气瓶购买了充装安全责任保险并且能够履行维护保养职责，在向使用登记机关办理书面告知后，可以由充装单位根据气瓶安全状况确定定期检验周期或进行超过设计使用年限后的安全评估，但经过安全评估的燃气气瓶的实际使用年限最长不得超过 12 年。

检验机构可以根据气体质量和气瓶的实际使用情况适当缩短检验周期；低温绝热气瓶检验中发现气瓶绝热性能存在问题时，使用单位应当及时将气瓶送到具有相应资质的制造单位进行维护或者修理。

表 1－14　气瓶定期检验周期

<table>
<tr><th colspan="2">气瓶品种</th><th colspan="2">介质、环境</th><th>检验周期(年)</th></tr>
<tr><td colspan="2" rowspan="6">钢质无缝气瓶、钢质焊接气瓶(不含液化石油气钢瓶、液化二甲醚钢瓶)、铝合金无缝气瓶</td><td colspan="2">腐蚀性气体、海水等腐蚀性环境</td><td>2</td></tr>
<tr><td colspan="2">氮、六氟化硫、四氟甲烷及惰性气体</td><td>5</td></tr>
<tr><td rowspan="2">纯度大于或者等于 99.999%的高纯气体(气瓶内表面经防腐蚀处理且内表面粗糙度达到 Ra0.4 以上)</td><td>剧毒</td><td>5</td></tr>
<tr><td>其他</td><td>8</td></tr>
<tr><td colspan="2">混合气体</td><td>按混合气体中检验周期最短的气体特性确定(微量组分除外)</td></tr>
<tr><td colspan="2">其他气体</td><td>3</td></tr>
<tr><td rowspan="2">液化石油气钢瓶、液化二甲醚钢瓶</td><td>民用</td><td colspan="2" rowspan="2">液化石油气、液化二甲醚</td><td>4</td></tr>
<tr><td>车用</td><td>5</td></tr>
</table>

续表

气瓶品种	介质、环境	检验周期(年)
车用压缩天然气瓶	压缩天然气、氢气、空气、氧气	3
车用氢气气瓶		
气体储运用纤维缠绕气瓶		
呼吸器用复合气瓶		
低温绝热气瓶（含车用气瓶）	液氧、液氮、液氩、液化二氧化碳、液化氧化亚氮、液化天然气	3
乙炔气瓶	溶解乙炔	3

检验时发现进行过焊接、修理、挖补、拆解、翻新的气瓶，或者瓶阀制造厂以外的单位和人员修理的瓶阀，均应当予以报废；另外气瓶存在以下条件之一的，应当进行报废：

(1) 气瓶或者瓶阀使用时间超过其设计使用年限的；

(2) 车用气瓶随报废车辆一同报废，其中出租车使用的车用压缩天然气瓶使用时间最长为 8 年；

(3) 低温绝热气瓶的绝热性能无法满足使用要求并且无法修复的。

对于设计使用年限不清的气瓶，应当按照表 1－8 的规定确定设计使用年限。各类气瓶定期检验的项目，应当符合相关规程的规定，气瓶定期检验机构应当保证检验合格的气瓶和瓶阀能够在正常使用情况下安全使用一个检验周期，否则，应当予以报废；对不能确保安全使用到下一个检验周期的气瓶阀门和爆破片装置(例如有泄漏、损坏或者气瓶下次检验日期超出瓶阀设计使用年限的阀门或者爆破片装置等)，应当进行更换，检验机构或者充装单位不得修理气瓶阀门和爆破片装置、更换阀门内件。

检验结束后，检验人员应当认真填写检验记录，对检验合格或者报废的气瓶及时出具《气瓶定期检验报告》。检验记录和检验报告应当真实、准确，并且具有可追溯性。

检验机构消除报废气瓶使用功能的破坏性处理，应当采用压扁或者将瓶体解体等不可修复的方式。

第2章　气瓶充装安全操作

2.1　基本要求

气瓶充装，是指利用专用充装设施，将储存在压力容器中或者气体发生装置中气体或液体介质充装到各类气瓶内的过程。气瓶充装单位应当按照《特种设备生产和充装许可规则》(TSG 07—2019)的规定，取得气瓶充装许可。

气瓶实行固定充装单位充装制度，气瓶充装单位应当充装本单位自有并且办理使用登记的气瓶(车用气瓶、非重复充装气瓶、呼吸器用气瓶以及托管气瓶除外)。气瓶充装单位应当在充装完毕验收合格的气瓶上牢固粘贴充装产品合格标签，标签上至少注明充装单位名称和电话、气体名称、充装日期和充装人员代号。无标签的气瓶不得出充装单位。

气瓶充装单位发生暂停充装等特殊情况，应当向所在市级市场监管部门报告，可委托辖区内有相应资质的单位临时充装，并告知省级市场监管部门。

气瓶的充装单位负责在自有产权或者托管的气瓶瓶体上涂敷充装站标志，并负责对气瓶进行日常维护保养，按照原标志涂敷气瓶颜色和色环标志。气瓶充装单位应当在自有产权或者托管的气瓶上粘贴气瓶警示标签，警示标签的式样、制作方法及应用应当符合《气瓶警示标签》(GB 16804—2011)的规定。

气瓶充装单位应当按照相应标准的规定，在气瓶充装前和充装后，由取得气瓶充装作业人员证书的人员对气瓶逐只进行检查，并做好检查记录和充装记录，检查记录和充装记录保存时间不少于标准规定时间。严禁充装超期未检气瓶、改装气瓶、翻新气瓶和报废气瓶。禁止在充装站外由罐车等移动式压力容器直接对气瓶进行充装；禁止将气瓶内的气体直接向其他气瓶倒装。国外进口的气瓶及境外使用的气瓶，要求在我国境内充气时，应先由特种设备安全监督管理部门核准的检验机构检验合格。

2.2　压缩气体气瓶充装安全操作

2.2.1　压缩气体气瓶充装基本要求

压缩气体充装应严格控制气瓶的充装量，充分考虑充装温度对最高充装压力的影响，气瓶充装后，在 20 ℃时的压力不得超过气瓶的公称工作压力。

采用电解法制取氢气、氧气的充装单位，应当严格定时测定氢、氧纯度的浓度，设置自动测定氢、氧浓度和超标报警的装置，并且定期进行手动检测；当氢气中含氧或者氧气中含氢超过 0.5 %(体积比)时，严禁充装，同时应当查明原因并妥善处置。

充装氟或者二氟化氧的气瓶，应当采用公称工作压力不小于 15 MPa 的钢质无缝气瓶，且最大充装量不得大于 5 kg，在 20 ℃时的充装压力不得大于 3 MPa。瓶阀出气口上应当设置密封盖。

2.2.2　压缩气体充装工艺

压缩气体充装工艺流程如下：

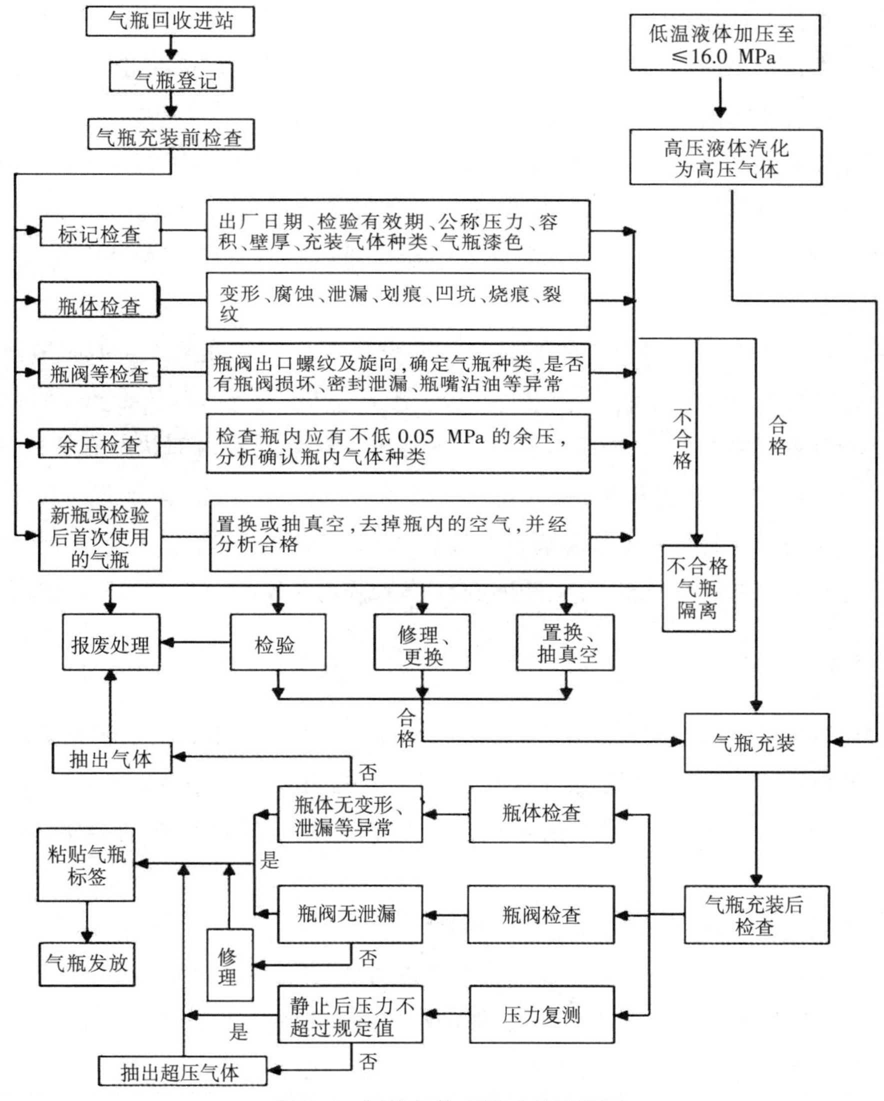

图 2-1　压缩气体充装工艺流程图

2.2.3 充装前检查

充装前气瓶应由气瓶充装检查员逐只进行检查，检查内容及要求至少应包括：气瓶应由具有“特种设备制造许可证”的单位生产；进口气瓶应经特种设备安全监督管理部门认可；充装的气体应与气瓶制造钢印标志中充装气体名称或化学分子式相一致；警示标签上印有的瓶装气体的名称及化学分子式应与气瓶钢印标志一致；气瓶应是本充装站自有产权气瓶或其他充装站托管的气瓶；气瓶外表面的颜色标志应符合《气瓶颜色标志》(GB/T 7144—2016)的规定，且清晰易认；气瓶瓶阀的出气口螺纹形式应符合《气瓶阀出气口连接型式及尺寸》(GB/T 15383—2011)的规定，即可燃气体用的瓶阀，出口螺纹应是左旋，其他气体用的瓶阀，出口螺纹应是右旋的；气瓶外表面应无裂纹、严重腐蚀、明显变形及其他严重外部损伤缺陷；气瓶应在规定的检验有效期内；气瓶的安全附件应齐全并符合安全要求；充装氧气或其他强氧化性气体的气瓶，其瓶体、瓶阀不得沾染油脂或其他可燃物。不符合要求的不允许充装。

气瓶的颜色或其他标志以及瓶阀出口螺纹与所装气体的规定不相符的气瓶，除不予充装外，还应查明原因，并报告当地特种设备安全监督管理部门进行处理。新投入使用或经内部检验后首次充气的气瓶，充装前应按规定进行抽真空或置换处置，经确认合格后方能充装。

充装可燃性气体、氧化性气体的气瓶，如没装设余压保持阀，重复充装前应进行抽真空处理。可燃性气体气瓶抽真空至－80 kPa 以下，氧化性气体气瓶抽真空至－60 kPa 以下。

在检验有效期内的气瓶，如外观检查发现有重大缺陷或对内部状况有怀疑的气瓶、瓶阀及其附件，应先送检验机构，按规定进行技术检验与评定，检验合格后方可重新使用。库存和停用时间超过一个检验周期的气瓶，启用前应进行检验。

经检查不合格(包括待处理)的气瓶应与合格气瓶隔离存放，并做明显标记，以防止混淆。

2.2.4 充装

气瓶充装输气管与瓶阀的连接形式应为螺纹连接，禁止采用夹具连接充装。气瓶充装系统用的指针式压力表，精度应不低于 1.6 级，表盘直径应不小于 100 mm，校验周期不应超过 6 个月。待充装气体中的杂质含量应符合相应气体标准的要求，否则禁止充装。

气瓶充装气体时，应严格遵守下列各项规定：

(1) 充装前应检查确认气瓶是经过检查合格的(应有记录)；

(2) 用防错装接头进行充装时，应认真仔细检查瓶阀出气口的螺纹与所装气体所规定的螺纹形式是否相符，防错装接头各零件是否灵活好用；

(3) 开启瓶阀时应缓慢操作，并应注意监听瓶内有无异常音响；

(4) 禁止用扳手等金属器具敲击瓶阀和管道；

(5) 当瓶内气体压力达到 7 MPa 以前应逐只检查汽瓶的瓶体温度是否一致，在瓶内气体压力达到 10 MPa 以前应逐只检查气瓶的瓶阀及各连接部位的密封是否良好，发现异常时应及时妥善处理；

(6) 气瓶的充装流量不得大于 8 m^3/h(标准状态下)；

(7) 用充气汇流排充装气瓶时，禁止在充装过程中插入空瓶进行充装。

气瓶的充装量应严格控制，确保气瓶在基准温度(国内使用的，定为 20 ℃)下，瓶内气体的压力不超过气瓶公称工作压力。

2.2.4.1 充装压力(表压)确定

(1) 对几种有特性的气体，最高充装压力(基准温度为 20 ℃时)做如下的限定：氟(F_2)、二氟化氧(OF_2)的充装压力不大于 3.0 MPa，气瓶水压试验压力不小于 20 MPa，每只气瓶的氟充装量不超过 5 kg；一氧化氮(NO)的充装压力不大于 5 MPa，气瓶水压试验压力不小于 20 MPa；干燥(水含量小于 5×10^{-6})且不含硫分的一氧化碳(CO)可用钢制气瓶充装，但充装压力最高不应超过气瓶公称工作压力的 5/6，且不大于 13 MPa。

(2) 国产气瓶充装的各种常用压缩气体，充装压力(表压)不得超过表 2—1 的规定。

表 2—1　常用压缩气体在不同充装温度下的最高充装压力

气体名称	充装温度/℃	气瓶的最高充装压力/MPa	
		公称工作压力 15 MPa	公称工作压力 20 MPa
氧气	5	13.9	18.3
	10	14.2	18.8
	15	14.6	19.4
	20	15.0	20.0
	25	15.3	20.5
	30	15.7	21.0
	35	16.0	21.5
	40	16.4	22.0
	45	16.8	22.6
	50	17.1	23.1
空气	5	14.0	18.5
	10	14.3	19.0
	15	14.6	19.5
	20	15.0	20.0
	25	15.3	20.5
	30	15.6	21.0
	35	15.9	21.5
	40	16.2	22.0
	45	16.5	22.5
	50	16.8	23.0

续表

气体名称	充装温度/℃	气瓶的最高充装压力 MPa	
		公称工作压力 15 MPa	公称工作压力 20 MPa
氮气	5	14.0	18.5
	10	14.3	19.0
	15	14.6	19.5
	20	15.0	20.0
	25	15.3	20.5
	30	15.7	21.0
	35	16.0	21.5
	40	16.3	22.0
	45	16.7	22.5
	50	17.0	23.0
氢气	5	14.1	19.0
	10	14.4	19.3
	15	14.7	19.6
	20	15.0	20.0
	25	15.3	20.4
	30	15.6	20.8
	35	15.9	21.2
	40	16.2	21.6
	45	16.5	22.0
	50	16.8	22.4
甲烷	5	13.5	17.8
	10	14.0	18.5
	15	14.5	19.3
	20	15.0	20.0
	25	15.5	20.8
	30	16.0	21.6
	35	16.5	22.4
	40	16.9	23.2
	45	17.4	24.0
	50	18.0	24.7
一氧化碳（限铝合金气瓶）	5	14.0	18.4
	10	14.3	19.0
	15	14.7	19.5
	20	15.0	20.0
	25	15.4	20.5
	30	15.7	20.9
	35	16.1	21.4
	40	16.4	21.9
	45	16.8	22.4
	50	17.2	22.9

续表

气体名称	充装温度/℃	气瓶的最高充装压力/MPa	
		公称工作压力 15 MPa	公称工作压力 20 MPa
氩气	5	13.9	18.4
	10	14.3	18.9
	15	14.7	19.5
	20	15.0	20.0
	25	15.4	20.5
	30	15.7	21.0
	35	16.1	21.5
	40	16.4	22.0
	45	16.8	22.5
	50	17.1	22.9
氦气	5	14.2	19.0
	10	14.5	19.3
	15	14.8	19.7
	20	15.0	20.0
	25	15.3	20.3
	30	15.5	20.7
	35	15.8	21.0
	40	16.0	21.4
	45	16.3	21.7
	50	16.5	22.0

其他压缩气体的充装压力不得超过由式(2—1)计算的压力值。

$$p \leqslant \frac{p_0 TZ}{T_0 Z_0} \tag{2-1}$$

式中：p—气瓶的最高充装压力(绝对)，单位为兆帕(MPa)；T—充装温度，单位为开尔文(K)；Z—在压力为 p、温度为 T 时气体的压缩系数；p_0—气瓶的公称工作压力，单位为兆帕(MPa)；T_0—气瓶的基准温度(国内使用的，20 ℃)单位为开尔文(K)；Z_0—在压力为 p_0、温度为 T_0 时气体的压缩系数。

(3) 充装温度应按下列方法确定：

取充装间的环境温度加上充气温差(指在测温试验时，实际测定得出的气体充装温度与室温之差)作为气瓶充装温度。

充气温差应在规定的充装速度下，由试验测定。试验结果应挂贴上墙。

2.2.4.2 充装后检查

充装后的气瓶，应有专人负责，逐只进行检查。不符合要求时，禁止出厂，并进行妥善处理。检查内容至少包括瓶内压力(充装量)及质量是否符合安全技术规范及相关标准的要求。

(1) 瓶阀出气口螺纹及其密封面是否良好；

(2) 气瓶充装后是否出现鼓包变形或泄漏等严重缺陷；

(3) 瓶体的温度是否有异常升高的迹象；

(4) 气瓶的瓶帽、充装标签和警示标签是否完整。

2.2.5　充装记录

充装单位应有专人负责填写气瓶充装记录，记录的内容至少应包括充装日期、瓶号、室温、充装介质、充装压力、充装起止时间、充装人、有无发现异常情况等。

充装单位应负责妥善保管气瓶充装记录，保存时间不应少于 1 年。

2.3　液化石油气瓶充装安全操作

液化石油气充装工艺流程如图 2—2 所示。

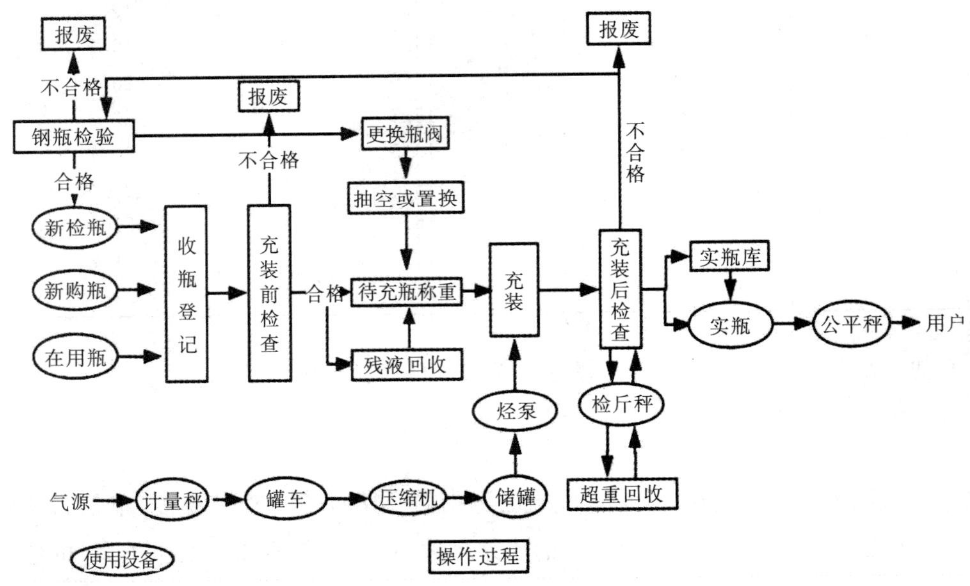

图 2-2　液化石油气充装工艺流程图

2.3.1　充装前检查

钢瓶充装检查员应由已取得特种设备作业(气瓶充装)项目的气瓶充装人员，经单位专项培训后进行任命的专职人员担任，充装检查应逐只检查。检查至少应包括以下内容：

(1) 气瓶钢印、标识、颜色是否符合规定要求，是否为自有产权气瓶；

(2) 气瓶表面有无裂纹、严重腐蚀、明显变形及其他严重外部损伤缺陷；

(3) 气瓶内是否有剩余压力，如有是否能确定瓶内介质为液化石油气；如气瓶内有剩余压力且瓶内气体为液化石油气则可进行充装；气瓶如无剩余压力则应进行抽真空处理，真空值不高于－60 kPa 后可进行充装；新瓶或经定期检验后第一次充装前如有真空则可进行充装，气瓶内如无真空则应进行抽真空处理，真空度不高于－60 kPa 后可进行充装。

瓶内残液是否超过规定值，一般 YSP－35.5 型钢瓶残液≤0.2 kg，YSP－118 型钢瓶残液≤0.4 kg；气瓶是否在规定的检验期限内；气瓶检验周期一般为 4 年；气瓶是否达到设计使用年限；在《液化石油气钢瓶》(GB 5842—2006)标准实施(新规)前制造的液化石油气钢瓶，依据钢印标记的出厂日期，使用年限达到 15 年的应当予以报废，按《液化石油气钢瓶》(GB 5842—2006)(新规)标准制造的气瓶，达到设计使用年限 8 年的液化石油气钢瓶，可在法定气瓶检验单位检验与安全综合评定合格后继续使用最长不超过一个定期检验周期(具体使用期限见法定气瓶检验单位检验与安全综合评定合格报告)。

瓶阀是否存在接口螺纹损坏、手轮缺损，瓶阀是否沾有油污，气瓶的附件(底座、护罩、防震圈)是否齐全和符合安全要求。

2.3.2　充装

2.3.2.1　充装前准备

充装前应对充装系统进行下列检查：连接部位应紧固，各部位应稳定，无异响、振动；自动、连锁保护装置应正常；气路的压力、密封应正常；核查衡器的校验期。

每班在进行充装作业前，必须对衡器进行一次校正，对于灌装秤，应该打开灌装秤电源开关，等数字回零，调好充装数量；检查静电接地线和法兰之间的跨接线是否完好，否则通知维修电工妥善处理好；开启充装排管末端的排气阀(放空阀)，将排气管中和充装排管顶部的气态气排除后，再关闭排气阀，检查充装排管的压力是否符合充装的要求(压力高于 0.5 MPa)；通知机泵工启动压缩机或烃泵，开启充装排管的总阀和支管上的阀门；确认进入本工序的气瓶是经检验合格的气瓶。

2.3.2.2　充装操作顺序

(1) 将充装枪安装在角阀上。

(2) 将待充气瓶放置到联锁灌装电子秤上，手持条码扫描器扫描气瓶二维码(安装气瓶信息追溯系统之后)。电脑控制系统对条码对应的气瓶档案进行分析判断，如果符合要求，灌装秤就会自动开启阀门进行充装，并记录气瓶条码编号、充前/充后重量、开始/结束时间、灌装秤编号、充装员编号等数据。反之，如电脑控制系统判断条码对应的气瓶无档案登记或者已报废/逾期未检等不合充装规则的要求，则锁定阀门，不允许对该气瓶进行充装操作。

(3) 缓慢开启瓶阀。注意监听瓶内有无异常音响；如有异常音响，则立即关闭瓶阀和联锁灌装电子秤上的停止按钮，摘掉充装枪，将此瓶倒空，隔离后妥善进行处理。

(4) 充装操作过程中，禁止用扳手等金属器具敲击瓶阀和管道。

(5) 充装操作过程中，必须眼观、耳听气源以判断是否进气，手摸瓶体以判断瓶壁温度是否正常。发现异常时就立即停止充装,并将此瓶倒空,妥善处理。

(6) 达到规定充装重量后,联锁灌装电子秤自动关闭瓶阀摘掉充装枪;将此瓶取下,送入充装后检验工序。

(7) 在批量充装工作结束后,关闭充装排管的总阀和支管上的阀门,切断联锁灌装电子秤电源。

2.3.2.3 充装注意事项

(1) 联锁灌装电子秤上不得长期放置气瓶等重物。充装后的实瓶应按要求入库或出站。

(2) 如果出现雷击天气、附近发生火灾、液化气严重泄漏、环境温度高于 45 ℃、其他不安全因素等情况,应立即停止充装作业。

(3) 充装过程中,必须轻提轻放气瓶。应做到不摔砸、不倒卧、不拉拖。

(4) 不得将充装后的气瓶放在烈日下曝晒,或让它接近 45 ℃以上的热源。

(5) 如果气瓶本体或角阀泄漏,应立即将气瓶提到残液回收装置处,将瓶内液化气倒空。

2.3.3 充装后检查

对充装后的气瓶,应逐只进行检查。检查主要内容:

(1) 气瓶充装系数 0.42 kg/L,复查充装量是否在规定范围内;

(2) 检查瓶阀及其与瓶口连接处密封是否良好;

(3) 检查瓶体是否出现鼓包变形或泄漏等严重缺陷;

(4) 检查瓶体的温度是否有异常升高或降低;

(5) 检查气瓶上是否粘贴警示标签和合格标签。

检查人员应对检查情况进行记录。充装后检查记录的内容有:检验日期、瓶号、复秤重量、有无记录表内所列的异常情况、检验员姓名等。

2.3.4 充装记录

充装人员应及时填写充装记录。记录的内容至少应包括:充装日期、瓶号、室温、气瓶标记容积、质量、充气后的总质量、有无发现异常情况、充装员和充装检查员代号(或项目)等。

充装单位应负责妥善保管气瓶充装记录,保存时间不应少于气瓶一个检验周期。

2.4 液化气体气瓶充装安全操作

充装操作人员应熟悉所装介质的特性(燃、毒及腐蚀)、安全防护措施及其与气瓶材料(包括瓶体及瓶阀等附件)的相容性。

充装工艺流程如图 2－3：

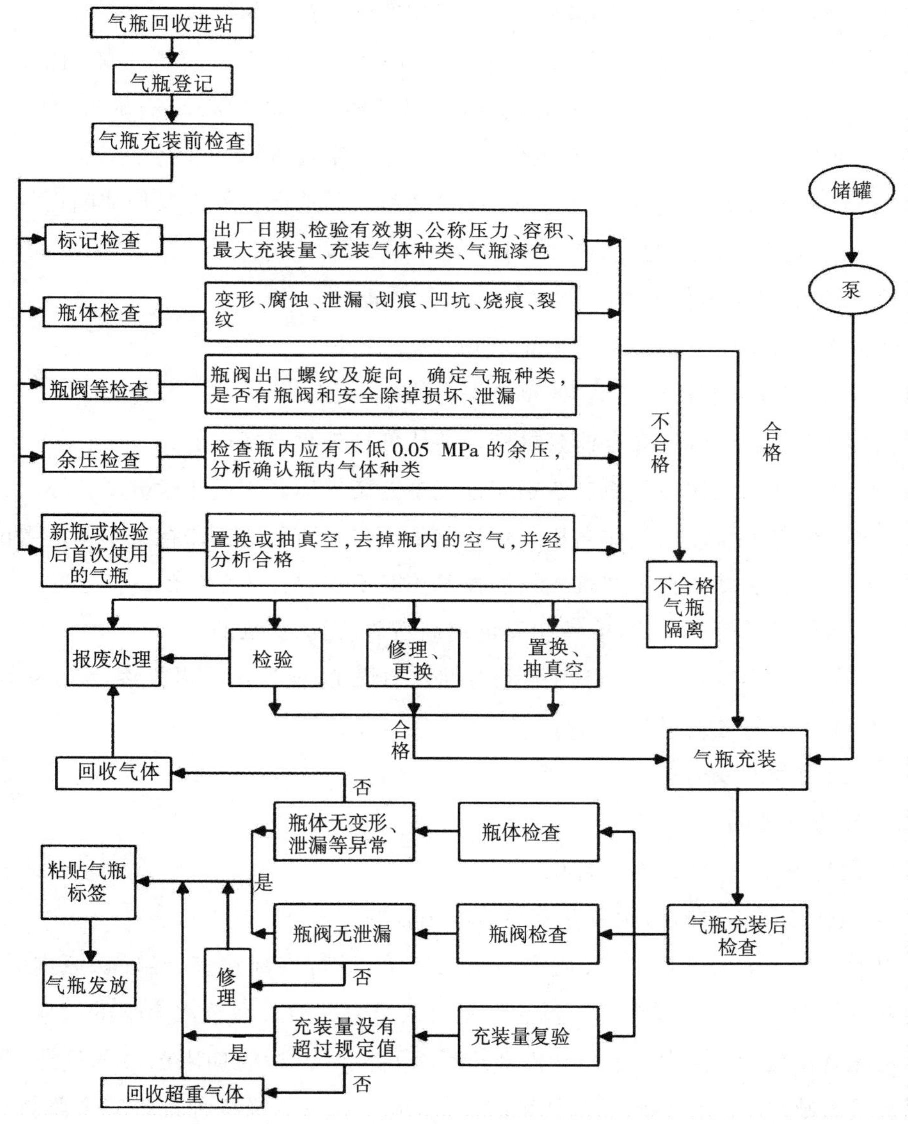

图 2–3 液化气体充装工艺流程图

2.4.1 充装前检查

充装前的气瓶应由专人负责，逐只进行检查，检查内容至少应包括：

（1）国产气瓶是否是由具有“气瓶制造许可证”的单位生产，并有监督检验标记的；

（2）进口的气瓶是否经安全监察机构批准，并经产品安全性能检验合格的；

（3）将要充装的气体是否与气瓶制造钢印标记中充装气体名称或化学分子式相一致；

（4）警示标签上所印的气体名称及化学分子式是否与气瓶制造钢印标记中的相一致；

(5) 气瓶是否是本充装站的自有产权气瓶；

(6) 气瓶外表面的颜色标志是否与所装气体的规定标志相符；

(7) 气瓶瓶阀的出口螺纹形式是否符合 GB15383 的规定，即可燃气体用的瓶阀，出口螺纹应是内螺纹(左旋)，其他气体用的瓶阀，出口螺纹应是外螺纹(右旋)；

(8) 气瓶内有无剩余压力，如有剩余压力，应进行定性鉴别；

(9) 气瓶外表面有无裂纹、严重腐蚀、明显变形及其他严重外部损伤缺陷；

(10) 气瓶是否在规定的检验期限内；

(11) 气瓶的安全附件是否齐全和符合安全要求。

充装检查中发现有下列情况之一的气瓶，禁止充装：

(1) 不具有"气瓶制造许可证"的单位生产的；

(2) 进口气瓶未经省级安全监察机构批准认可且具有合格证的；

(3) 将要充装的气体与气瓶制造钢印标记中充装气体名称或化学分子式不一致的；

(4) 警示标签上所印的气体名称及化学分子式与气瓶制造钢印标记中不一致的；

(5) 不是本充装站的自有产权或气瓶技术档案不在本充装单位的；

(6) 原始标记不符合规定，或钢印标记模糊不清，无法辨认的；

(7) 颜色标志不符合 GB7144 气瓶颜色标志的规定，或严重污损脱落，难以辨认的；

(8) 使用年限超过规定的；

(9) 超过检验期限的；

(10) 经过改装的；

(11) 附件不全、损坏或不符合规定的；

(12) 瓶体或附件材料与所装介质性质不相容的。

瓶内无剩余压力的气瓶，充气前应将阀门卸下，进行内部检查，经确认瓶内无异物，进行抽真空处理合格后方可充气。新投入使用或经内部检查后首次充气的气瓶，充气前应按规定先置换瓶内的空气，并经分析合格后方可充气。检验期限已过的气瓶、外观检查发现有重大缺陷或对内部状况有怀疑的气瓶，应先送经省级特种设备安全监督管理部门核准的气瓶检验机构，按标准要求进行定期检验与评定。

经检查不合格(包括待处理)的气瓶应与合格气瓶隔离存放，并做出明显标记，以防止混淆。

2.4.2 充装

充装计量衡器应保持准确，其最大称量值不得大于气瓶实际质量(包括气瓶质量和充液质量)的 3 倍，也不得小于 1.5 倍。衡器应按有关规定定期进行校验，并且至少在每班使用前校验一次。衡器应设置有气瓶超装报警或自动切断气源的连锁装置。

易燃液化气体中的氧含量超过 2%(体积分数)时禁止充装。

气瓶充装液化气体时，必须严格遵守下列规定：充气前必须检查确认气瓶是经过检查合格的；用卡子连接代替螺纹连接进行充装时，必须认真检查确认瓶阀出气口螺纹与所装气体所规定的螺纹形式相符；开启阀门应缓慢操作，注意充装速度和充装压力，并应注意监听瓶内有无异常音响；充装易燃气体的操作过程中，应使用不产生火花的操作及检修工具；在充装过程中，应随时检查气瓶各处的密封情况，瓶体温度是否正常；发现异常时应及时妥善处理。

低压液化气体充装系数的确定，应符合下列原则：

(1) 充装系数应不大于在气瓶最高使用温度下液体密度的 97%；

(2) 在温度高于气瓶最高使用温度 5 ℃时，瓶内不满液。

常用低压液化气体的充装系数不得大于表 1－4 的规定。

其他低压液化气体的充装系数不得大于由公式(2－2)计算确定的值。

$$Fr = 0.97\rho\left(1 - \frac{C}{100}\right) \tag{2-2}$$

式中：Fr—低压液化气体充装系数，kg/L；C—液体密度的最大负偏差，一般情况，C—取 0～3；ρ—低压液化气体在最高液相气体温度下的液体密度，单位为千克每升(kg/L)。

由两种以上的液化气体混合组成的介质，应由试验确定其在最高使用温度下的液体密度，并按公式(2－2)确定充装系数的最大极限值。部分低压液化混合气体的充装系数不得大于表 1－6 的规定。

液化气体充装量必须精确计量，进行逐只检查核定：气瓶的充装量不得大于气瓶容积与充装系数乘积的计算值，也不得大于气瓶产品规定的充装量；充装量应包括余气在内的瓶中全部介质，即气瓶充装量应为气瓶充装后的实重与空瓶重之差值。液化气体的充装量必须严格控制，发现充装过量的气瓶，必须将超装的气体妥善排出。

严禁用下列方法来确定充装量：

(1) 气瓶集合充装，统一称重均分计量，或在一个汇流排中仅用一个衡器计量其中一瓶气体，其他气瓶参照该瓶数值计量；

(2) 按气瓶充装前后实测的质量差计量；

(3) 按气瓶充装前后贮罐存液量之差计量；

(3) 按气瓶容积装载率计量。

2.4.3　充装后检查

充装后的气瓶，应由专人负责，逐只进行检查，不符合要求时应进行妥善处理。检查内容应包括：

(1) 充装量是否在规定范围内；

(2) 瓶阀及其与瓶口连接的密封是否良好；

(3) 瓶体是否出现鼓包变形或泄漏等严重缺陷；

(4) 瓶体的温度是否有异常升高的迹象;

(5) 气瓶是否粘贴符合国家标准《气瓶警示标签》(GB16804—2011)的警示标签和充装标签。

2.4.4 充装记录

充装单位应由专人负责填写气瓶充装记录。记录内容至少应包括:充气日期、瓶号、室温、气瓶标记容积、质量、充气后总质量、有无发现异常情况、充装者和检验者代号。

充装单位应负责妥善保管气瓶充装记录,保存时间不少于 2 年。

2.5 焊接绝热气瓶充装安全操作

焊接绝热气瓶充装工艺流程如图 2—4 所示。

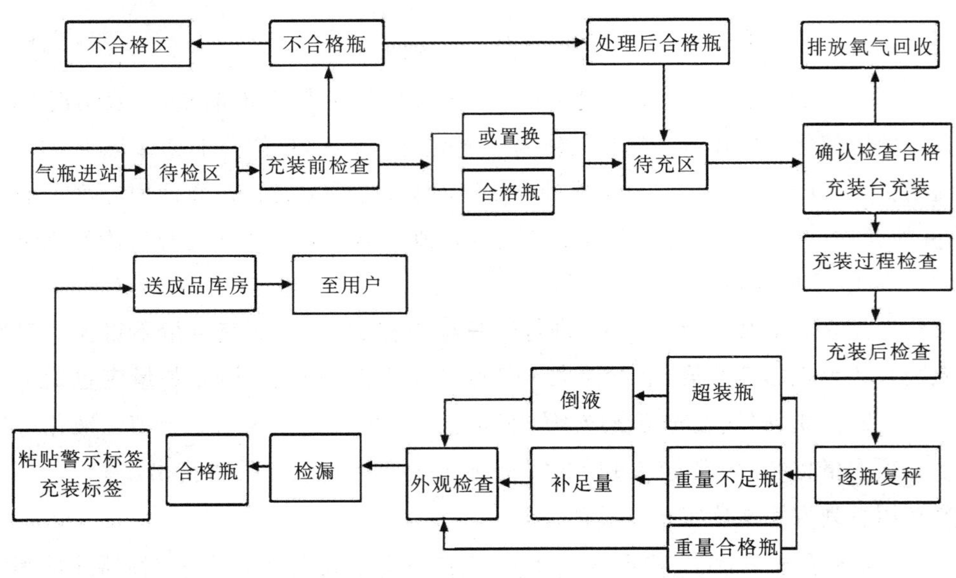

图 2-4 焊接绝热气瓶充装工艺流程图

2.5.1 焊接绝热气瓶充装操作要点

2.5.1.1 液体充装

(1) 充装操作

因为低温绝热气瓶出厂时,瓶内要封入压力为 19.6 kPa 经过洗涤、干燥的氮气。所以,新瓶在首次充装液体时,要先开启气体流量控制放出氮气。

正常的液体充装操作顺序是:用衡器测定气瓶重量,确认瓶内液体的剩余量;关闭升压总阀,开启气体流量控制阀;把液体源(加压容器或小型液体泵)出口高压软管连接于气瓶液体出入阀的前端接头上(管路尽可能短);再次称重,确定由于接管而增加的重量;

开始充装;到达规定充装重量立即关闭液体出入和气体流量控制阀门,摘下接管。如充装过量,应从气体流量控制放出超量的液体;佩戴瓶帽。

(2) 充装时间

液体充装需要的时间由于下述条件的不同,有着很大变化:液体源的加压容器或液体泵的种类和压力等级;充装管路的内径大小或管路长短;待充装气瓶的温度是常温状态还是低温状态;气瓶内液体剩余量的多少通常第一次充装(气瓶为常温状态)约 10 min,再次充装(气瓶为低温状态)约 6min。

(3) 充装损失

根据上述条件的不同,损失量各异,如果加压容器的压力为 0.25～0.49 MPa,充装管路内径 12 mm,长度 2 m,在充装液氧时,其损失为 12%～15%。如用大型泵充装,其损失增加。为了把失减少到最低,最优充装的条件是:液体加压容器的压力宜为 0.29－0.49 MPa,超过此范围会增加损失;若压力在 0.2 MPa 以下或 0.98 MP 以上,其损失大幅度增加。

充装时间最短,蒸发损失最少的条件是:加压容器的压力约为 0.49 MPa;充装管路内径为 12 mm,长度尽量短(3 m 以内);充装管材料应为铜管、不锈钢无缝管或内聚四氟乙烯材料的高压软管。

(4) 液体充装要点

充装量不能超量:以 175 L 的低温绝热气瓶为例,其充装量液氧为 179.5 kg、液氮为 127.2 kg、液氩为 222 kg。观察液位计,但应以重量决定充装量。充装终了时,迅速松开接管上的螺母放出残气,防止压力上升而导致事故。

2.5.1.2　升压

(1) 升压操作

液体充装后,开启增压阀;当气瓶压力达到升压调节阀的设计压力(标准设计压力为 0.59 MPa)是正常的,但由于此时瓶内液体还未完全平稳,在数小时以内,升压调节阀的实际调节压力比设计压力值要高 0.1～0.2 MPa,因此,不能在充装后立即开启增压阀。随着液体的稳定,这种自然升压量会减少。

(2) 升压时间(升压速度)

升压时间受这些因素影响:开启增压的时间,如果液体充装结束,随即开启增压阀,数分钟将升压到 0.59 MPa;如果充装以后开启气体流量控制阀,放出残余气体,则升压需要很长时间。气瓶内液体量,气瓶内液体量少,升压速度慢;如为一半量,升压时间要延长 3 倍。液体种类,升压时间与液体种类有关,如液氮比液氧升压时间约长 30 %。

2.5.1.3　液体输出

在液体出入阀接上软管或适当的金属管,开启液体出入阀,液体便可流出。

2.5.1.4 气体输出

在液体出入阀上接上蒸发器，开启液体输出，液体流经蒸发器达到完全汽化，供应的气体近似常温；当气瓶内压约为 0.59 MPa 时，以 10m^3/h 的速度提供气体，内压没有变化；若停用气体，则关液体出入阀和增压阀阀即可。如果长时间不用。由于液体缓慢的自然蒸发。气瓶内压将上升，因而再次使用时，要用降压调节阀使其内压还原到设计压力，并保持稳定。

2.5.1.5 注意事项

(1) 气瓶内的液体能够迅速冷冻人体组织并且使许多材料（如碳钢、塑料和橡胶）变脆，甚至失去强度；极冷的液体（氦、氢、氖）甚至能够直接固化周围的空气。因此，严禁身体的任何部位在没有可靠防护的情况下与未经绝热的深冷管接触。当从事可能与深冷液体相接触的工作时，必须戴绝热手套、安全镜，裤腿应留在工作鞋的外面。如果有可能产生喷溅，应戴上面具或化学护目镜。如果意外出现皮肤和眼睛冻伤，在等待医生时，应除去任何可能阻碍冻伤区血液循环的衣服，不要揉擦冻伤部位，最好将身体处于 40 ℃～60 ℃的温室或温水浴盆中。不要迅速加温，当加温时可用镇静剂减轻痛苦。

(2) 在液氧操作中，阀门开启与关闭要缓慢进行，因为突然开启或关闭，氧流会使该系统内任何污染物着火。被溅上液氧的衣服应立即脱掉，并且至少被风吹 1 小时。在液氧储存或操作区域应严禁吸烟，并应有“严禁烟火”的醒目标志。

(3) 除了液氧以外，所有的液体蒸气都可以使人窒息。大多数深冷液体是无色无味的（液氧为蓝色），如果没有仪器，很难察觉这些蒸气，特别是一氧化碳气体，既有毒性又具有可燃性。所以，使用深冷液体必须确保自己处于良好的通风环境中。

(4) 在可燃的液态气体储存或操作区域内，禁止吸烟及有明火存在，工作服应防静电，所有固定的设备均应正确、良好接地，在室内或建筑物内应有良好的通风。

(5) 一氧化碳的操作至少应有两人相互监护。

2.6 乙炔气瓶充装安全操作

乙炔气体充装工艺流程图如下：

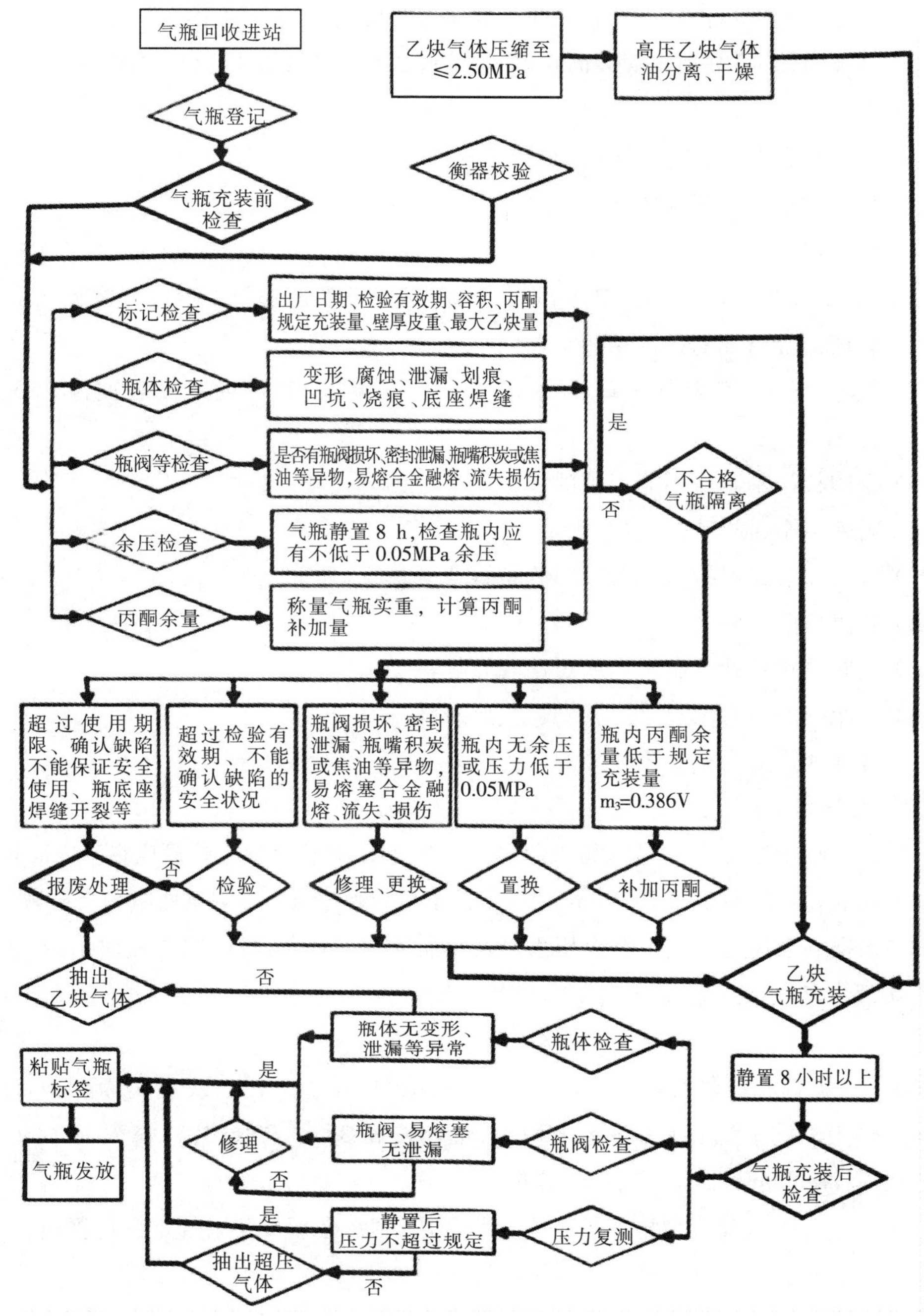

图 2-5　溶解乙炔气瓶充装安全操作图

2.6.1　充装前的检查

乙炔瓶充装前，充装检查员应进行逐只检查，有下列情况之一的，严禁充装。

(1) 无制造许可证单位生产的；

(2) 未取得中国特种设备制造许可证的国外制造商生产的；

(3) 不是本充装单位自有产权乙炔瓶且未办理临时充装变更手续的；

(4) 瓶体腐蚀、机械损伤等表面缺陷、按溶解乙炔气瓶定期检验与评定（GB 13076—2009）应报废的；

(5) 易熔合金融熔、流失、损伤的；

(6) 超过规定使用年限的；

(7) 有其他影响安全使用缺陷的。

乙炔瓶有下列情况之一的，必须做相应处理或送乙炔瓶检验单位进行检验：

(1) 无产品合格证的（首次充装）；

(2) 颜色标记不符合气瓶颜色标志（GB/T 7144—2016）规定或表面漆色脱落严重的；

(3) 钢印标记不全或不能识别的；

(4) 附件不全、损坏或不符合规定的；

(5) 首次充装或经拆装、更换瓶阀，易熔合金塞后，未进行置换的；

(6) 超过检验期限的；

(7) 瓶阀侧接嘴处积有炭黑或焦油等异物；

(8) 对瓶内的多孔填料、溶剂的质量有怀疑的；

(9) 有其他影响安全使用缺陷的。

剩余压力检查方法：

(1) 乙炔瓶在充装前，应逐只检查瓶内是否存有压力，检查前乙炔瓶应在室内静置 8 小时以上。用表盘直径不小于 100 mm，精度不低于 1.6 级的压力表测定瓶中剩余压力。

(2) 根据剩余压力和测定剩余压力时乙炔瓶的周围环境温度，求出瓶内剩余乙炔量。

乙炔瓶内剩余乙炔量按公式(2－3)计算。

$$Gs=0.38\delta VB \tag{2－3}$$

式中：Gs—乙炔瓶内剩余乙炔量，kg；δ—填料孔隙率，%；V——乙炔瓶实际容积，L；B—乙炔在丙酮中的质量溶解度，kg/kg；B 值—选取按表 2－3 选取；公称容积 10～60 L 的乙炔瓶的 Gs 值可按表 2－4 至表 2－8 选取。

对无剩余压力或经内部检查后首次充装的乙炔瓶，必须按要求规定进行置换：

(1) 用于置换的乙炔，应符合《溶解乙炔》(GB6819—2004)的要求；

(2) 置换时乙炔气压力宜小于 0.2 MPa；置换后的乙炔瓶，应按《溶解乙炔》(GB6819—2004)规定的试验方法和技术要求测定乙炔纯度；

(3) 对于混入空气或其他非乙炔气体的乙炔瓶，应先用符合《工业氮》(GB3864—2008)中一等品要求的氮气进行置换；

(4) 置换后经分析，瓶内气体的氧气体积百分数低于 3%时，再按以上规定用乙炔气进行置换。

表 2—3　乙炔在丙酮中的重量溶解度 B(kg/kg)

温度/℃	压力(绝对压力)/MPa				
	0.1	0.2	0.3	0.4	0.5
—20	0.116 5	0.169 29	0.248 57	0.342 86	0.428 57
—15	0.096 5	0.147 86	0.221 43	0.296 43	0.371 43
—10	0.080 5	0.128 57	0.192 86	0.257 14	0.321 43
—5	0.067 5	0.114 28	0.171 43	0.221 48	0.278 58
0	0.057 24	0.108 07	0.156	0.189	0.237 85
5	0.048 06	0.094 05	0.135 21	0.174 9	0.205 28
10	0.040 56	0.081 90	0.120 4	0.152 5	0.179 6
15	0.033 56	0.071 06	0.105 8	0.131 5	0.158 9
20	0.027 54	0.061 6	0.093 0	0.118 5	0.140 44
25	0.022 1	0.052 8	0.081 13	0.104 2	0.124 9
30	0.017 67	0.045 1	0.071 16	0.088 5	0.111 52
35	0.013 9	0.038 5	0.061 5	0.081 5	0.099 5
40	0.010 26	0.0325 7	0.053 3	0.073 5	0.091 3

表 2—4　10 L 乙炔瓶不同温度、压力下剩余乙炔量 (kg)

温度/℃	压力(绝对压力)/MPa							
	0.05	0.10	0.15	0.20	0.25	0.30	0.35	0.40
—20	0.5	0.6	0.7	0.9	1.1	1.2	1.3	1.5
—15	0.4	0.5	0.6	0.8	0.9	1.1	1.1	1.3
—10	0.4	0.5	0.6	0.7	0.8	0.9	1.0	1.1
—5	0.3	0.4	0.5	0.6	0.7	0.8	0.9	1.0
0	0.3	0.4	0.4	0.5	0.6	0.7	0.8	0.9
5	0.2	0.3	0.4	0.5	0.5	0.6	0.7	0.8
10	0.2	0.3	0.3	0.4	0.5	0.5	0.6	0.7
15	0.2	0.2	0.3	0.4	0.4	0.5	0.5	0.6
20	0.2	0.2	0.3	0.3	0.4	0.4	0.4	0.5
25	0.1	0.2	0.2	0.3	0.3	0.4	0.4	0.4
30	0.1	0.2	0.2	0.2	0.3	0.3	0.4	0.4
35	0.1	0.1	0.2	0.2	0.2	0.3	0.3	0.3
40	0.1	0.1	0.1	0.2	0.2	0.3	0.3	0.3

表 2—5　16 L 乙炔瓶不同温度、压力下剩余乙炔量(kg)

温度/℃	压力(绝对压力)/MPa							
	0.05	0.10	0.15	0.20	0.25	0.30	0.35	0.40
—20	0.8	1.0	1.1	1.4	1.7	1.9	2.1	2.4
—15	0.6	0.8	1.0	1.2	1.5	1.7	1.8	2.1
—10	0.6	0.7	0.9	1.0	1.3	1.4	1.6	1.8
—5	0.5	0.6	0.8	1.0	1.1	1.2	1.4	1.6
0	0.4	0.6	0.7	0.8	1.0	1.1	1.2	1.3
5	0.4	0.5	0.6	0.7	0.8	1.0	1.1	1.2
10	0.3	0.4	0.5	0.5	0.7	0.8	0.9	1.0
15	0.3	0.4	0.4	0.5	0.6	0.7	0.8	0.9
20	0.2	0.3	0.4	0.5	0.5	0.6	0.7	0.8
25	0.2	0.3	0.4	0.4	0.5	0.5	0.6	0.7
30	0.2	0.2	0.3	0.4	0.4	0.5	0.5	0.6
35	0.2	0.2	0.3	0.3	0.4	0.4	0.5	0.5
40	0.1	0.2	0.2	0.3	0.3	0.4	0.4	0.5

表 2—6　25 L 乙炔瓶不同温度、压力下剩余乙炔量(kg)

温度/℃	压力(绝对压力)/MPa							
	0.05	0.10	0.15	0.20	0.25	0.30	0.35	0.40
—20	1.2	1.6	1.8	2.2	2.7	3.0	3.3	3.8
—15	1.0	1.3	1.6	1.9	2.3	2.6	2.8	3.3
—10	0.9	1.1	1.4	1.7	2.0	2.3	2.6	2.8
—5	0.8	1.0	1.3	1.6	1.7	1.9	2.2	2.4
0	0.6	0.9	1.1	1.3	1.6	1.7	1.9	2.1
5	0.6	0.8	0.9	1.1	1.3	1.6	1.7	1.9
10	0.5	0.6	0.8	1.0	1.1	1.3	1.5	1.6
15	0.4	0.6	0.7	0.9	1.0	1.1	1.3	1.5
20	0.4	0.5	0.6	0.8	0.9	1.0	1.1	1.3
25	0.3	0.4	0.6	0.6	0.8	0.9	0.9	1.1
30	0.3	0.4	0.5	0.6	0.7	0.8	0.9	0.9
35	0.3	0.3	0.4	0.5	0.6	0.7	0.8	0.8
40	0.2	0.3	0.3	0.4	0.5	0.6	0.7	0.8

表 2—7　40 L 乙炔瓶不同温度、压力下剩余乙炔量(kg)

温度/℃	压力(绝对压力)/MPa							
	0.05	0.10	0.15	0.20	0.25	0.30	0.35	0.40
—20	1.9	2.5	2.8	3.5	4.3	5.0	5.2	6.0
—15	1.6	2.1	2.5	3.1	3.7	4.2	4.5	5.2
—10	1.4	1.8	2.2	2.7	3.2	3.6	4.1	4.5
—5	1.2	1.6	2.0	2.4	2.7	3.1	3.5	3.9
0	1.0	1.4	1.7	2.1	2.4	2.7	3.1	3.4
5	0.9	1.2	1.5	1.8	2.1	2.4	2.7	3.0
10	0.8	1.0	1.3	1.6	1.8	2.0	2.3	2.6
15	0.7	0.9	1.1	1.4	1.6	1.8	2.0	2.3
20	0.6	0.8	1.0	1.2	1.4	1.6	1.7	2.0
25	0.5	0.7	0.9	1.0	1.2	1.4	1.5	1.7
30	0.5	0.6	0.8	0.9	1.1	1.2	1.4	1.5
35	0.4	0.5	0.7	0.8	0.9	1.1	1.2	1.3
40	0.3	0.4	0.5	0.7	0.8	1.0	1.1	1.2

表 2—8　60 L 乙炔瓶不同温度、压力下剩余乙炔量(kg)

温度/℃	压力(绝对压力)/MPa							
	0.05	0.10	0.15	0.20	0.25	0.30	0.35	0.40
—20	2.8	3.5	4.2	5.2	6.5	7.2	8.0	9.0
—15	2.4	3.1	3.7	4.6	5.6	6.3	6.7	7.8
—10	2.1	2.7	3.3	4.1	4.8	5.4	6.2	6.8
—5	1.8	2.4	3.0	3.6	4.1	4.7	5.3	5.9
0	1.5	2.1	2.6	3.1	3.6	4.1	4.7	5.1
5	1.4	1.8	2.3	2.7	3.2	3.6	4.1	4.5
10	1.2	1.5	2.0	2.4	2.7	3.0	3.5	3.9
15	1.1	1.4	1.7	2.1	2.4	2.7	3.0	3.5
20	0.9	1.2	1.5	1.8	2.1	2.4	2.6	3.0
25	0.8	1.1	1.3	1.5	1.8	2.1	2.3	2.6
30	0.7	0.9	1.2	1.4	1.6	1.8	2.1	2.3
35	0.6	0.8	1.0	1.2	1.4	1.6	1.8	2.0
40	0.5	0.6	0.8	1.1	1.2	1.5	1.6	1.8

2.6.2 乙炔瓶补加丙酮前，必须逐只称量乙炔瓶实重

称量结果，保留一位小数。称量衡器的最大称量值应为乙炔瓶充装后质量的1.5～3倍。衡器应经常保持准确，其检验期不超过3个月，并每天使用前进行校正一次。电子衡器应符合乙炔的防爆要求。

丙酮的品质应符合《工业用丙酮》(GB6026—2013)一等品的要求，丙酮规定充装量按(溶解乙炔气瓶)(GB11638—2011)的规定执行。

丙酮补加量按公式(2—4)计算。

$$m_F = Tm + Gs - T_{A1} \qquad (2-4)$$

式中：m_F——丙酮补加量，kg；Tm——乙炔瓶皮重，kg；T_A——乙炔瓶实重，kg；(T_{A1}：充装前，T_{A2})

对公称容积大于等于40 L的乙炔瓶，如实重减去剩余乙炔量后，其值大于乙炔瓶皮重0.5 kg或小于1.5 kg时，则该瓶应做处理，否则严禁充装。

对首次充装丙酮的乙炔瓶，应先抽真空。然后充装规定的丙酮量，经复核后，再按规定要求用乙炔置换。补加丙酮后，必须对丙酮充装量进行复核，其允许偏差值应符合表2—9的规定，超差的必须做处理，否则，严禁充装乙炔。

表2—9 丙酮充装量允许偏差值

乙炔瓶公称容积 Vg/L	≤10	16	25	40	60
丙酮充装量允许偏差 ΔmS/kg	+0.10		+0.20	+0.40	+0.50

充装丙酮时的压力应小于0.8 MPa.采用氮气直接压装丙酮时，氮气应符合《工业氮》(GB/T 3864—2008)中一等品要求。

2.6.3 充装

2.6.3.1 乙炔的充装

充装前必须保证：待充装的乙炔瓶是经过充前检查，符合充装要求的。充装管路、阀门、安全装置及各连接部位均处于完好、无泄漏状态。充装系统用的压力表，精度应不低于1.6级，直径应不小于100 mm。压力表应按有关规定，6个月校验一次。充装管路中的乙炔质量应符合《溶解乙炔》(GB6819—2004)的要求。确保乙炔瓶的充装容积(钢瓶容积)流速小于0.015 $m^3/(h \cdot L)$，采用强制冷却快速充装的除外。

充装场所的安全设施完好。充装中应注意的安全事项和安全措施，按有关规定执行。

2.6.3.2 充装中的检查

要检查喷淋冷却水，水量应均匀、稳定喷淋在乙炔瓶上；检查瓶壁温度不得超过40 ℃，超温时，必须停止该瓶的充装，移至安全地点检查处理；检查瓶阀有无堵塞现象，应

保证充装顺畅;充装中随时巡检,发现泄漏及时处理。

分次充装时,每次充装后的静置时间不小于 8 小时,并应关闭瓶阀。

因故中断充装的乙炔瓶需要继续充装时,必须保证充装主管内乙炔气压力大于等于乙炔瓶内压力时,才可开启瓶阀和支管切换阀。

乙炔瓶的充装压力,任何情况下不得大于 2.5 MPa。

2.6.4　充装后的检查

充装结束关闭瓶阀后,应通过回收系统将充装主管和支管内的乙炔回收。关闭瓶阀和管路阀时应轻缓,严而不紧,防止用力过度。

充装结束后,应用肥皂水或其他合适的方法检查瓶阀、易溶塞的密封部位及它们与钢瓶的连接部位的气密性,以保证无泄漏。对于发现有泄漏的气瓶,应用安全的方法将瓶内乙炔排空,送有检验资质的单位处理,在泄漏未完全排除之前,严禁重新充装。充装后的乙炔瓶,应逐只置于符合要求的衡器上称重,测定瓶内乙炔充装量。

乙炔充装量如超过最大充装量时,应将乙炔瓶内超装的乙炔回收到符合标准的要求,否则严禁出厂。在正常充装条件下,乙炔瓶单位容积充装量,若低于 0.12 kg/L 时,将瓶内乙炔回收后,把乙炔瓶送至检验站处理。

乙炔瓶充装后,同一充装台充装的气瓶中任意抽取 2 只气瓶,必须按《溶解乙炔》(GB6819—2004)规定分析瓶内乙炔纯度,其纯度≥98 %为合格。不合格的应妥善处理,严禁出厂。

乙炔瓶充装后,必须静置 8 小时以上,然后从同一充装台中抽取 10 %的瓶(不少于两只),测定其静置后的压力,静置后的压力不应超过表 2—10 的规定。发现有一只瓶超过表 2—10 的规定值时,同一批乙炔瓶应逐只测定。对于超过表 2—10 规定值的乙炔瓶,应及时妥善处理,否则,严禁出厂。

表 2—10　乙炔瓶的静置后压力

环境温度/℃	—20	—15	—10	—5	0	5	10	15	20	25	30	35	40
静置后压力/MPa	0.0	0.60	0.70	0.80	0.90	1.05	1.20	1.40	1.60	1.80	2.00	2.25	2.50

特别注意:如果静置后压力太高,而乙炔充装量是正确的。这可能表明:溶剂量不足;溶剂被污染,例如被水取代;乙炔中杂质气体浓度较高。如果静置后压力太低,则可能表明:溶剂量过多;乙炔气被污染,例如被水取代。

出厂成品,应粘贴符合国家安全技术规范及《气瓶警示标签》(GB16804—2011)规定的警示标签。

2.6.5　充装记录

充装单位应认真填写充装前检查记录,其内容至少包括:日期、乙炔瓶制造厂代号、乙炔瓶编号、乙炔瓶缺陷、充处理措施和检查人员签章等。记录至少保存 2 年。

充装单位应认真填写充装和充装后检查记录，其内容至少包括：充装日期、充装间环境温度、乙炔瓶制造厂代号、乙炔瓶编号、实际容积、乙炔瓶皮重、剩余压力、剩余乙炔量、丙酮补加量、乙炔充装量、静置后压力、发生的问题、处理结果和操作者签章等。记录至少保存 2 年。

充装单位应建立所充装乙炔瓶的档案，其内容至少包括乙炔瓶的原始资料、技术参数和历次充装、检验实况等。

2.7 混合气体气瓶充装安全操作

混合气体充装方法分为静态方法和动态方法。

静态方法就是通过直接向气瓶内充入定量的组分气体，从而生产混合气体。通常有压力法和称量法两种。在向气瓶内充装所需混合气体时，可联合使用这些方法。

压力法是按照《气体分析　校准用混合气体的制备压力法》(GB/T14070—1993)的要求，将组分气体按照计算的压力充入气瓶中，每次充气后测量气瓶内静置压力。混合气体的浓度以压力表示，它等于充入该组分气体的分压与混合气体的总压力之比。计算的压力应考虑到组分的压缩因子，以及气瓶充装后的温度变化，以确保在混合气体充装过程中及其以后使用时，所有组分气体不会发生液化现象。

称量法是按照《气体分析　校准用混合气体的制备》(GB/T5274—2018)的要求，在向气瓶内充入一定已知浓度的组分气体的前后称量气瓶，由两次称量的质量读数之差确定充入气瓶内气体组分的质量。按此方法充入各种组分气体，便完成混合气体充装。

混合气体中每各组分的质量浓度(摩尔浓度)，为该组分气体的质量(摩尔数)与所有组分气体质量(摩尔数)总和之比。这些计算的质量应确保准确，以确保在混合气体充装期间及其以后使用时，所有组分气体不会发生液化现象。

动态方法按照《气体分析 动态体积法制备校准用混合气体》(GB/T5275.10—2009)的要求、在介质充装到气瓶之前，通过准确计算结果，以动态的方式进行混合气体的充装。一般情况下，动态的混配是在低压下进行的，然后再通过加压方式充装到气瓶内。系统中应有保证在流量控制失效的情况下不可能继续配制、充装的措施，以确保在混合气体加压后组分气体不发生液化现象，以及加压后混合气体的产品质量不发生变化。

混合气体气瓶充装单位应编制作业指导书，经单位技术负责人负责作业指导书的审核后，单位负责人批准。作业指导书内容应至少包括：气瓶和阀门的详细资料以及其他的准备正作(包括处理和检查)要充入气瓶的气体组分量以及充入顺序的确定；充入气瓶气体组分的测量方法、质量要求和所使用的充装设备；与组分充入气瓶速度相关的任何特殊限制条件(如尽可能减少温度的提升);混合各种气体组分的方法;任何中间分析要求;质量控制方法等内容。

作业指导书可采用手写格式或计算机辅助格式。作业指导书编制人员应具备相关专业的技术经验,且应掌握混合气体气瓶充装中遇到的相关理化性质及工作原理、安全操作。作业指导书应根据实际情况进行定期调整修改,以确保其安全性和有效性。

2.7.1　充装前的检查

应按批准的作业指导书,对充装现场的充装设备、设施、仪器等进行确认,同时确认安全系统符合要求。

充装前的气瓶应由专人负责,逐只进行检查,发现有下列情况之一的,严禁充装:

(1) 气瓶由不具有“特种设备制造许可证”的单位生产;

(2) 进口气瓶未经特种设备安全监督管理部门认可;

(3) 充装的气体与气瓶制造钢印标志中充装气体名称或化学分子式不一致;

(4) 根据《气瓶警示标签》(GB/T16804—2011)规定制作的警示标签上印有的瓶装体的名称及化学分子式与气瓶钢印标志不一致;

(5) 将要充装的气瓶不是本充装站自有产权气瓶或其他充装站托管的气瓶;

(6) 气瓶外表面的颜色标志不符合《气瓶颜色标志》(GB/T 7144—2016)的规定且不清晰易认;

(7) 气瓶瓶阀的出气口螺纹形式不符合《气瓶阀出气口连接型式和尺寸》(GB15383—2011)的规定,即可燃气体用的瓶阀,出口螺纹不是左旋;其他气体用的瓶阀,出螺纹不是右旋;

(8) 气瓶外表面有裂纹、严重腐蚀、明显变形及其他严重外部损伤缺陷;

(9) 气瓶不在规定的检验有效期;

(10) 气瓶的安全附件不符合安全要求;

(11) 充装氧化性混合气体的气瓶,其瓶体、瓶阀沾染油脂或其他可燃物;

(12) 超过气瓶使用年限。

颜色标志以及瓶阀出口螺纹与所装气体的规定不相符,及有不明剩余气体的气瓶,除不予充气外,还应查明原因,进行妥善处理。

有余压的气瓶在汇流装置上,先对汇流装置用合格气体置换或抽空处理,再对瓶内余气进行放空。无剩余压力、新投入使用或经内部检验后首次充气的气瓶,充装前应按规定进行抽真空或用合格气体置换处置,除去瓶内的空气及水分,经分析合格后方能充装。

在检验有效期限内的气瓶,如外观检查发现有重大缺陷或对内部状况有怀疑的气瓶、发生交通事故车上运输的气瓶、瓶阀及其他附件,应先送经有关部门许可的检验机构，按规定进行技术检验与评定，合格后方可重新使用。库存和停用时间超过一个检验周期的气瓶，启用前应进行定期检验。

国外进口的气瓶，要求在我国境内充气时，应先由特种设备安全监察机构核准的检验机构进行检验。

经检查不合格(包括待处理)的气瓶应与合格气瓶隔离存放，有明显标记。

2.7.2 充装

瓶装混合气体中的组分或杂质含量应符合相应气体标准的要求，充装混合气体时，应严格遵守下列各项规定：

(1) 充装前应确认气瓶是经过检查合格并有记录；

(2) 充装混合气体的各种不相容原料气体应有足够的安全距离和隔离措施；

(3) 用防错装接头进行充装时，应认真检查瓶阀出气口的螺纹与所充装气体所规定的螺纹形式是否相符，防错装接头零部件应灵活匹配；

(4) 开启瓶阀时应缓慢操作，并应注意监听瓶内应无异常声响；

(5) 禁止用扳手等金属器具敲击瓶阀和管道；

(6) 气瓶的充装流量，不得大于 8 m^3/h(标准状态气体)；

(7) 气瓶充装过程中，禁止插入空瓶进行充装；

(8) 混合气瓶充装时，应首先充入低浓度组分气体；充装过程中，充装装置内压力应不低于气瓶中的压力。在接近所需压力时，总压应缓慢升高。

气瓶的充装量应严格控制，禁止超量充装，应按下列方法准确确定各类气体的充装量：

(1) 气一气混合气体的充装量应确保气瓶充气后在基准温度(20 ℃)下，瓶内气体压力不超过气瓶的公称工作压力充装时，按不同的充装瓶体温度确定其最终充装压力。

(2) 液化混合气体的实际充装量不得大于气瓶容积与气体充装系数的乘积、也不得大于气瓶产品规定的充装量。高压液化混合体的充装系数按式(2－6)确定其最大极限值：

$$Fr = \frac{pM}{ZRT} \qquad (2-6)$$

式中：Fr—高压液化混合体充装系数，kg/L；p—气瓶许用压力(绝对压力)，按有关标准的规定，取气瓶的公称工作压力，MPa；M—气体相对分子质量；Z—气体在压力为 P、温度为 T 时的压缩系数；R—气体常数，$R=8.314\times10^{-3}$ MPa · m(kmol · K)；T—气瓶最高使用温度，K。

(3) 低压液化混合体(液一液混合)充装系数应先通过试验确定混合气体在最高使用温度(60℃)下的液体密度，然后按式(2－7)计算确定。

$$Fr = 0.97\rho\left(1 - \frac{C}{100}\right) \tag{2—7}$$

式中：Fr—低压液化气体充装系数，kg/L；C—液体密度的最大负偏差，一般情况，C 取 0～3；ρ—低压液化气体在最高液相气体温度下的液体密度，kg/L。

对于临界温度比较接近（稍高于）65 ℃的液一液混合气体充装系数的确定，还应确保瓶内气体温度达到 65℃时，瓶内不满液。

液一液混合的气瓶充装量不得大于气瓶总容积与充装系数乘积的计算值，也不得大于气瓶产品规定的充装量。充装前应确认本次充装的混合气体应是混合气体充装作业指导书中允许的气体。

2.7.3　充装后检查

充装后应逐只检查气瓶。检查内容至少应包括：

（1）充装量（压力或质量）应符合安全技术规范及相关标准的要求；

（2）瓶阀及其与瓶口连接的密封应良好；

（3）气瓶充装后应不出现鼓包变形或泄漏等严重缺陷；瓶体的温度应无异常升高的迹象；

（4）气瓶的安全附件应完整齐全；

（5）气瓶的充装标签、警示标签应完整。

如发现不符合要求时，应迅速查明原因，采取纠正措施。

2.7.4　验证分析

瓶装混合气体应以一次连续充装的产品或一个操作班生产的产品为一批。瓶装混合气体应以产品批量的 2%随机抽样进行检验，抽样数量不应少于 2 瓶，也不多于 5 瓶。当检验结果有任何一项不符合本标准要求时，应自该批产品中重新加倍抽样检验，若仍有任何一项不符合本标准要求时，则该批产品不合格。有产品标准的，依据产品标准规定的抽样要求抽样。

气瓶集束装置充装的混合气体应逐架检验。当检验结果有任何一项不符合本标准要求时，则该产品不合格。

在气体分析室，根据气体的特性，宜设置可燃气体、有毒气体或其他气体浓度报警装置，并设有效的通风设施。

混合气体样品分析时的尾气，应经安全处理后，方可排放到大气中。产品分析前应对气体采用合适的混合均匀处理，待混合均匀后再进行分析。

2.7.5　充装记录

充装人员应及时填写混合气体气瓶充装记录：

(1) 气—气混合气体记录的内容至少应包括：充装日期、瓶号、产品名称、充装介质、各组分含量、各组分充装起止压力(或重量)、公称工作压力、充装起止时间、充装温度、室温、容积、有无异常情况、充装及检验者；

(2) 液—液混合气体记录的内容至少应包括：充装日期、瓶号、产品名称、充装介质、气瓶净重、各组分含量、各组分充装起止重量、充装时间、室温、容积、气瓶充装后复称总重、有无异常情况、充装及检验者。

充装单位应负责妥善保管混合气体气瓶充装记录，保存时间不应少于1年。

第3章　气瓶充装单位安全管理

3.1　气瓶充装单位许可程序

按照市场监督总局发布的《特种设备生产单位许可目录》(2019年第3号)规定，国家对气瓶充装实行许可制度。根据《特种设备生产和充装单位许可规则》(TSG 07—2019)规定，气瓶充装单位应经省级特种设备监督管理部门(以下简称发证机关)批准，取得《气瓶充装许可证》后，方可在批准范围从事气瓶充装工作，《气瓶充装许可证》有效期为4年。

气瓶许可程序包括申请、受理、鉴定评审、审查与发证。

3.1.1　申请

申请采用网上填报的方式。申请单位在政务网上填写并且提交《特种设备生产和充装许可申请书》(以下简称申请书)，并且附以下扫描资料(无需提供原件)，向相应的发证机关提出申请：

(1) 申请单位营业执照(无法在线核验时)；

(2) 申请书中的"申请许可项目表"，经申请单位法定代表人(主要负责人)签字，并且加盖单位公章；

(3) 原许可证(仅申请增项、改变许可级别或者换证，并且无法在线核验时)；

(4) 公司法人书面授权文件(分公司单独申请的)。

因特殊情况不能实施网上申请的，可以提交书面申请(申请书一式三份)，并且附前款资料(复印件加盖单位公章、各一份)。

3.1.2　受理

3.1.2.1　予以受理

发证机关收到申请资料后，对于资料齐全、符合法定型式的，应当在5个工作日内予以受理,出具电子(或者书面)型式的《特种设备行政许可受理决定书》(以下简称受理决定书)。受理决定书应当注明委托的鉴定评审机构名称和联系方式。发证机关应当在发出受理决定书的同时将相关受理信息通知委托的鉴定评审机构。

3.1.2.2 补正

发证机关收到申请资料后,对于申请资料不齐全或者不符合法定型式的,应当在5个工作日内一次性告知申请单位需要补正的全部内容,并且出具《特种设备行政许可申请资料补正告知书》(以下简称补正告知书)。

3.1.2.3 不予受理

发证机关收到申请资料后,凡有下列情形之一的,应当在5个工作日内向申请单位发出《特种设备行政许可不予受理决定书》(以下简称不予受理决定书):

(1) 申请项目不属于特种设备许可范围的;

(2) 隐瞒有关情况或者提供虚假申请资料被发现的;

(3) 被依法吊(撤)销许可证,并且自吊(撤)销许可证之日起不满3年的。

3.1.2.4 申请信息变更

申请单位的申请已经受理,在鉴定评审之前,充装单位变更单位名称、住所、充装地址、设备品种、充装介质类别的,应当重新提出申请,或者由原发证(受理)机关出具变更的受理决定书。

3.1.3 鉴定评审

3.1.3.1 一般要求

(1) 鉴定评审机构接到发证机关委托后,应当在10个工作日内与申请单位商定鉴定评审日期,并且将评审日期、评审程序和要求书面告知申请单位;鉴定评审机构应当在评审日期内派出鉴定评审组实施现场鉴定评审,鉴定评审机构因故无法按时限完成鉴定评审工作的,应当向发证机关报告;

(2) 申请单位应当在鉴定评审前将申请书以及质量保证手册(可以是电子文档)提交给鉴定评审机构。

3.1.3.2 现场鉴定评审工作程序和要求

(1) 现场鉴定评审工作程序,一般包括首次会议、现场巡视、分组审查、情况汇总、交换意见、总结会议等;

(2) 现场鉴定评审工作中,发现申请单位的实际资源条件不能满足已受理许可范围的相应要求的,经申请单位书面申请、鉴定评审组确认后,可以按照减少许可子项目进行鉴定评审,并且在鉴定评审报告中说明;

(3) 现场鉴定评审工作结束时,鉴定评审组应当将发现的问题向申请单位通报,现场不能完成整改的,双方应当签署《特种设备鉴定评审工作备忘录》(以下简称备忘录),鉴定评审组在备忘录中提出整改要求，整改时间不得超过 6 个月；

(4) 鉴定评审组应当将鉴定评审情况作出记录。

3.1.3.3 鉴定评审结论和报告

鉴定评审结论意见分为“符合条件”“整改后符合条件”“不符合条件”：

(1) 全部满足许可条件，鉴定评审结论意见为“符合条件”；

(2) 整改后全部满足许可条件，鉴定评审结论意见为“整改后符合条件”；

(3) 除本款(1)(2)项外，鉴定评审结论意见为“不符合条件”。

鉴定评审机构应当按照委托规定，及时出具并向发证机关提交鉴定评审报告。

鉴定评审工作(含整改时间)应当自受理决定书签发之日起 1 年内完成。

3.1.4 审查与发证

发证机关在收到鉴定评审机构上报的鉴定评审报告和相关资料后，应当在 20 个工作日内，对鉴定评审报告和相关资料进行审查，符合发证条件的，向申请单位颁发《气瓶充装许可证》；不符合发证条件的，向申请单位发出《特种设备不予行政许可决定书》(以下简称不予许可决定书)。

《气瓶充装许可证》上应载明以下内容：

(1) 许可证编号；

(2) 单位名称；

(3) 住所；

(4) 充装地址；

(5) 设备品种；

(6) 充装介质类别；

(7) 充装介质名称；

(8) 发证机关、发证日期、有效期。

其中设备品种填写：气瓶，充装介质类别分别填写：压缩气体、高(低)压液化气体、冷冻液化气体、液体、溶解气体、混合气体；充装介质名称填写允许充装的所有介质。

3.2 气瓶充装单位资源条件

3.2.1 基本条件

(1) 充装单位应当取得相关部门(规划、消防部门)的批准[①]，在取得充装许可前，充装站不得对外营业；

(2) 充装单位的场地、厂房、设备和充装工艺设施应当是具有资质的设计单位设计；

(3) 建立健全的质量保证体系，制定适应充装工作需要的事故应急预案，并且能够有效实施；

(4) 建立和使用气瓶充装质量追溯信息系统，具有自动采集、保存充装记录的信息化平台(仅限易燃有毒气体充装)，采用信息化技术对气瓶充装过程进行管理；

(5) 具备充装介质的储存能力，并且具有符合规定数量的由充装单位办理使用登记的气瓶(车用气瓶、非重复充装气瓶、呼吸用气瓶除外)；②

(6) 充装单位应当具备气瓶维护保养的能力和设施，负责对本单位办理使用登记的气瓶进行标志制作和维护保养。

注①：(1)新取证和搬迁的充装站应当具有当地政府或者有关部门出具的《规划许可证》，换证的充装站应当具有当地政府或者有关部门出具的《规划许可证》或者能证明其为合法经营的行政许可文件(如《危险化学品经营许可证》《燃气经营许可证》等)；(2) 按照消防主管部门的相关要求，充装站申请消防验收合格后获得的消防鉴审合格意见书等。

注②：充装介质储存能力和自有产权气瓶数量依据各省级(直辖市)人民政府负责特种设备安全监督管理部门的规定。

3.2.2　人员

安全管理人员、气瓶充装人员，应按照《特种设备作业人员考核规则》(TSGZ6001—2019)的要求，取得相应的特种设备人员资格证。

(1) 充装单位法定代表人(主要负责人)应当熟悉与气瓶充装安全管理相关的法律、法规、规章和安全技术规范。

(2) 配备技术负责人 1 人，具有工程师职称，具有气瓶充装管理经验，能够处理一般技术问题，具备组织协调和事故应急处置的能力。

如技术负责人无工程师职称，则需要具有相应的学历和技术工作年限，学历应当为理工类专业，技术工作是指与相应的气瓶充装有关的技术方面的工作，如果博士生毕业生工作 1 年，硕士毕业生工作 4 年以上，大学本科毕业生工作 7 年以上，大专毕业生工作 9 年以上，可以比照相当于具有工程师职称。高级技师和技师可以分别相当于工程师和助理工程师；中专毕业生的技术工作年限要求可以参照大专毕业生。

(3) 每个充装地址应当配备专职安全管理员至少 1 人。安全管理员具有高中及以上的文化程度，熟悉安全技术和要求，经技术培训并且取得省级特种设备安全监督部门颁发的具有特种设备安全管理人员作业项目的《中华人民共和国特种设备安全管理和作业人员证》。

(4) 每个充装地址作业人员(充装人员，下同)每个班次不少于 2 人，气瓶充装人员应具有初中及以上的文化程度，经技术培训并且取得市级特种设备安全监督部门颁发，具有气瓶充装作业项目的"中华人民共和国特种设备安全管理和作业人员证"；在气瓶充装作业时，作业人员不得同时兼任检查人员。

(5) 每个充装地址配备检查人员每个班次至少 1 人,气瓶充装检查人员应具有初中及以上的文化程度,经技术培训并且取得市级特种设备安全监督部门颁发,具有气瓶充装作业项目的“中华人民共和国特种设备安全管理和作业人员证”。

(6) 配备与气瓶充装相适应的化验人员,并且经过技术和安全培训,掌握与充装介质相关的知识,检验设备、仪器和仪表的性能及使用方法。

3.2.3　充装场所

(1) 按照介质分别设有气瓶待检区、不合格区、待充装区、充装合格区,并且采取有效的隔离措施;

(2) 具有专供气瓶装卸的场地和专用装卸装置,并且符合有关安全技术规范及相关标准的规定;

(3) 具有气瓶专用库房,划分实瓶区和空瓶区,并且设有明显标识;

(4) 充装单位的充装作业区域与辅助服务区之间应当设有明显界线,还应当设有人员进入的安全警示标识以及安全须知;

(5) 具有可供移动式压力容器检查和卸载的作业场地。

充装单位的场地、厂房、办公场所、仓库允许承租;场所承租的,租赁双方应当签订租赁合同,其租赁期限应当覆盖申请许可证的有效期,并且能够提供出租方的土地使用证明、房产证或者土地管理部门出具的其他有效证明。

3.2.4　充装设备

(1) 充装单位所使用的特种设备应当符合有关安全技术规范的规定;

(2) 具有移动式压力容器卸载专用装置,并符合有关安全技术规范及相关标准的规定;

(3) 抽真空设施应当符合相关标准的要求;

(4) 用于易燃、易爆、有毒介质的充装设备,应当装设紧急切断系统。

充装单位所要求的充装设备、工艺装备、检测仪器、试验装置等一般不允许承租。

3.2.5　检测仪器与试验装置

(1) 充装单位装设的压力计量、温度计量、质量计量、安全阀、气体危险浓度监测报警装置(有毒、可燃气体和氧气及可窒息性气体的充装单位必须配置)、紧急切断系统等应当与充装介质种类、充装数量相适应,符合有关安全技术规范及相关标准的规定;

(2) 具有判定气瓶内部残液、残气化学性质的装置和仪器,以及处理易燃、易爆和有毒介质残液、残气的设施。

3.3　气瓶充装单位质保体系要求

充装单位应当建立并且有效实施包括充装要素控制程序、管理制度、安全操作规程、充装工作记录和工作见证资料等的充装质量保证体系。

配备相应要素的充装质量控制系统责任人员，按照相应要求履行审查确认、作出记录的职责。

3.3.1　充装要素控制

充装单位应当编制并且实施文件和记录控制、设备(包括充装设备和充装工艺装备)控制、充装介质检测控制、人员管理、充装工作质量控制、信息追踪和质量服务、执行特种设备许可制度等要素质量控制系统。

3.3.1.1　文件和记录控制

文件控制的范围、程序、内容如下：

(1) 受控文件的类别确定，包括质量保证体系文件、外来文件，以及其他需要控制的文件等；

(2) 文件的管理，包括编制、审核、审批批准、标识、发放、修改、回收，保管(方式、设施等)及其销毁的规定；其中外来文件控制还应当有收集(购买)、接收等规定；

(3) 质量保证体系实施的相关部门、人员及场所使用的受控文件为有效版本的规定。

记录控制范围、程序、内容如下：

(1) 记录的填写、确认、收集、归档、保管与保存期限、销毁等规定；

(2) 质量保证体系实施部门、人员及场所使用相关受控记录表格有效版本的规定。

3.3.1.2　设备控制

设备控制的范围、程序、内容如下：

(1) 设备及设备上使用的安全附件控制，包括采购、验收、建档、操作、维护、使用环境、检定校准、检修、特种设备自行检查、报废等；

(2) 设备档案管理，包括建立设备台账和档案，质量证明文件、使用说明书、使用记录、维护保养记录、校准检定计划，校准检定记录、报告等档案资料；

(3) 设备状态控制，包括设备使用状态标识、检定校准标识、法定要求定期检验的设备检验报告等。

3.3.1.3　充装介质检测控制

按照安全技术规范及相关标准的要求，对所购商品气体、气瓶余气和产品气体进行化验分析。

3.3.1.4　人员管理

人员管理控制的范围、程序、内容如下：

(1) 人员培训要求、内容、计划和实施等；

(2) 人员的培训记录、考核档案；

(3) 特种设备相关人员持证上岗；

(4) 特种设备许可所要求的相关人员的聘用管理。

3.3.1.5 充装工作质量控制

充装工作质量控制的范围、程序、内容如下：

(1) 对合格的气瓶进行充装，严禁充装超期未检气瓶、改装气瓶、翻新气瓶、报废气瓶；

(2) 充装过程按照规定进行操作，并且有专人进行巡回检查；

(3) 气瓶充装的温度(压力)及其流速符合规定；

(4) 乙炔气瓶充装时间及静置时间符合要求，充装后逐瓶称重和检查压力；

(5) 液化气瓶充装量符合有关规定，充装后逐瓶称重；

(6) 压缩气体充装压力符合规定。

3.3.1.6 信息追踪和质量服务

信息追踪和质量服务控制的范围、程序、内容如下：

(1) 本单位办理使用证的气瓶瓶体上应当制作充装站标志(涂敷标志和信息化电子标志)和充装产品标签，标签内容符合安全技术规范要求；

(2) 充装站建立健全气瓶充装、储运、销售、检验的全产业链等环节的安全信息追溯系统，并且有效实施管理；

(3) 对瓶装气体使用者进行安全使用指导，对瓶装气体经销单位或者瓶装气体消费者进行气瓶安全使用培训。

3.3.1.7 执行特种设备许可制度

执行特种设备许可制度控制的范围、程序、内容如下：

(1) 执行特种设备许可制度；

(2) 接受各级特种设备安全监管部门的监督；

(3) 接受定期检验，包括满足法规、安全技术规范对特种设备及安全附件的定期检验或者校验的要求；

(4) 特种设备许可证管理，包括遵守相关法律、法规和安全技术规范的规定，购买、使用和充装具有许可证的单位制造的特种设备及其安全附件的规定，充装许可(如名称、地址)发生变更、变化时及时办理变更手续的规定，特种设备许可证管理规定，特种设备许可证换证规定等。

3.3.2 管理制度和人员岗位责任制

充装单位应当建立包括以下内容的各项管理制度和人员岗位责任制，并且能够有效实施。

(1) 安全管理机构(需要设置时)和各类人员岗位责任;

(2) 安全管理(包括安全教育、安全生产、安全检查等内容);

(3) 用户信息反馈;

(4) 气瓶的检查登记、使用登记、建档、标识、定期检验和维护保养、自行检查、储存、发送;

(5) 充装站内压力容器、压力管道等特种设备的使用管理和定期检验;

(6) 计量器具与仪器仪表校验;

(7) 资料保管,如充装记录(含电子文档)、设备档案等;

(8) 不合格气瓶处理;

(9) 人员培训考核管理;

(10) 用户安全宣传教育培训及服务;

(11) 事故报告和处理;

(12) 事故应急预案及定期演练;

(13) 风险管理和隐患排查。

3.3.3 安全操作规程

充装单位应当结合充装工艺制定并且实施有关安全操作规程,安全操作规程内容至少包括适用范围,人员条件、设备仪器条件、操作程序和方法、监控参数、巡回检查和异常情况的处理等。有关安全操作规程应当至少包括以下内容:

(1) 瓶内残液(残气)处理操作规程;

(2) 气瓶充装前、后检查操作规程;

(3) 气瓶充装操作规程;

(4) 气体分析操作规程。

3.4 气瓶充装工作质量控制

充装工作质量应当符合《气瓶安全技术规程》(TSG23—2021)的规定,严格进行充装前检查、充装过程控制、充装后检查和充装量复检,并且按照其规定进行记录,向介质购买方提交证明资料。

充装单位在许可周期内的充装业绩应当覆盖其许可范围,并且每年的年度监督检查结果合格,否则,按照首次申请取证或者增项处理。

3.5 充装单位专项技术要求

3.5.1 压缩气体充装

3.5.1.1 充装设备

(1) 有抽真空工艺要求的,应当具有抽真空装置,氧气充装所配置的抽真空设备应当使用氧专用油脂或无油脂润滑；

（2）应当按照有关要求装设防错装接头。

3.5.1.2　检测仪器与试验装置

采用电解法制取氢气和氧气的充装单位，应当具有自动测定氢、氧纯度的化学分析仪器。

3.5.2　液化气体充装

3.5.2.1　充装设备

（1）液化石油气充装单位，应当具有气瓶的残液倒空和回收装置以及抽真空装置；

（2）液化天然气充装单位，应当在用于移动式压力容器的卸液装置液相管道上装设切断阀和止回阀，气相管道上装设切断阀；

（3）液氨、液氯等毒性气体充装单位，应当具有回收或处理瓶内余气的装置，并且安装在可防止充装时气体溢出的负压操作系统上；

（4）贮存容器应当装设准确、安全、醒目的液面显示装置，并且有可靠的防超装设施。

3.5.2.2　检测仪器与试验装置

（1）具有与充装接头数量相等的计量衡器，以及专用的复称衡器，其中液氨、液氯、液化二甲醚、液化石油气充装应当配置具备超装自动切断功能的计量衡器，其他液化气体应当配置超装自动报警装置；

（2）低温液化气体充装装置中的汽化器出口应当装设温度、压力控制报警系统和联锁停泵装置。

3.5.3　溶解气体充装

3.5.3.1　充装场所

应当分别具有实瓶、空瓶和气体原料专用库房。

3.5.3.2　充装设备

（1）具有回收或者处理瓶内余气的装置；

（2）具有抽真空、测量瓶内余压、确定剩余丙酮或者吸附气体介质量、补加丙酮或者吸附气体介质的装置；具有冷却喷淋和紧急喷淋装置，并且有可靠水源。

3.5.4　混合气体充装

混合气体充装单位的生产场地、检验与试验能力等应当根据混合气体组分性质分别满足压缩气体、液化气体充装条件的要求。

3.6　气瓶信息化管理

气瓶信息化管理是指气瓶制造、检验、充装等单位采用信息化手段对气瓶实行全寿命周期安全管理，建立气瓶充装质量追溯信息系统是实现气瓶信息化管理的有效途径之一。

3.6.1　气瓶信息化管理基本要求

3.6.1.1　身份标识

目前全国各地在气瓶信息化管理工作中，常用的电子身份标识主要有以下几种：

(1) 条形码标签，以以前的一维码发展到现在的二维码居多，其中陶瓷材料制成的二维码使用比较多；

(2) 电子标签(RFID)标志，有的贴敷在钢瓶上，也有的集成在阀门上，与阀门上的联动机构结合现场智能角阀；

(3) 目前开始试用的采用图像识别技术的孔洞码或 12 位数字码。

二维码标识材料应与气瓶介质具有良好相容性(包括安装用的配件和辅料)。二维码标识的环境温度为 −40℃～60 ℃。二维码标识应满足气瓶正常搬运和操作使用的耐磨性要求，二维码标识形状与尺寸应与安装部位的气瓶表面相吻合和匹配。二维码标识的设计使用寿命应满足耐久使用的基本要求。二维码标识(在采取必要的保护措施后)还应能满足气瓶定期检验的工况环境要求(如焚烧、除锈和表面喷塑等)。

应当采用焊接等牢固的方式将二维码标识固定安装在气瓶上，确保在正常使用的轻度冲击条件下不发生剥离、脱落。标识的安装位置应便于目视识别和扫描设备的扫描操作。

3.6.1.2　扫描识读设备

气瓶二维码标识读取扫描设备的选用应以满足管理需要和方便实际操作为基本原则。环境要求方面，气瓶二维码标识扫描设备应满足气瓶生产操作和安全管理的正常实际工作温度和环境条件。读写技术要求方面，气瓶二维码标识扫描设备的可读距离，一般不应小于 10 cm；二维码的扫描读取时间宜小于 1 秒。防爆要求方面，气瓶二维码标识扫描设备用于充装现场时，应符合 GB 3836.1—2010《爆炸性环境 第 1 部分：设备　通用要求》确定的防爆要求。

目前，常用气瓶电子信息识读设备主要有：专用充装扫描枪、专用扫码器以及普通智能手机等，都能满足高效、准确识读气瓶电子标识的信息功能要求。

3.6.1.3　信息采集点

根据气瓶安全管理及气瓶充装工艺流程需要，在气瓶生产、充装、使用登记、检验、气体销售等各工作环节，分别设置气瓶安全信息采集点，按照相关法规标准要求采集气瓶和瓶装气体相关信息。

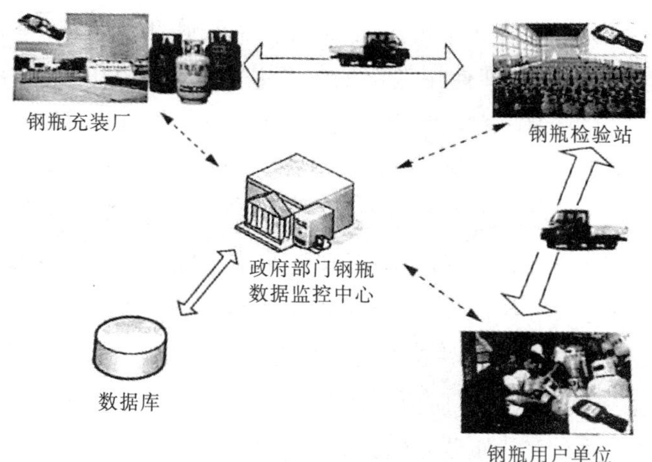

图 3-1　气瓶主要信息采集点及信息收集反馈图

3.6.1.4　后台数据加工、处理、应用、分析系统

通过气瓶扫码识读设备对气瓶电子识读标志进行扫描后，通过物联网、互联网等技术将气瓶安全信息上传至气瓶安全信息追溯平台，并通过气瓶信息系统管理软件，运用对上传的气瓶安全信息进行后台数据加工、处理、应用、分析等综合应用，对气瓶进行登记注册、汇总统计、分析查询，并生成各种报表，可以实现气瓶来源可查、流向可追、责任可究。

3.6.2　气瓶质量安全追溯体系建设基本要求

气瓶质量安全追溯体系是以落实气瓶制造单位、充装单位、检验单位(以下称气瓶相关单位)追溯管理责任为基础，以提升气瓶质量安全与公共安全为目标。建立充装质量追溯信息系统，创建具有自动采集、保存充装记录的信息化平台，统一追溯标准，强化信息互通共享，提高监管效能，实现气瓶来源可查、流向可追、责任可究。

(1) 气瓶相关单位要按照有关法规、安全技术规范和标准的要求，并参照国家标准《特种设备信息资源管理 数据元规范 第 1 部分：气瓶》(GB/T 36373.1—2018)和其他应用于气瓶的关于二维码、射频技术等成熟的追溯编码编制规则标准，依托安装在气瓶上的二维码、孔洞码、电子芯片或其他不易损坏的数据载体，自行建立或委托其他单位建立气瓶质量安全追溯信息平台，采集生产、监督检验、充装、定期检验等数据信息并有效存储与对外公示。存储与公示的信息应当做到可追溯、可交换、可查询和防篡改。企业自建的追溯信息平台应当为各省级特种设备安全监察机构以及行业组织留有数据接口，以便统计报送气瓶安全状况等信息。

气瓶制造单位应当建立本企业的产品数据信息公示平台(以下简称制造信息平台)，公示的信息至少包括：气瓶产品合格证、质量证明书、监督检验证书、气瓶钢印标识截图以及气瓶阀门制造单位、型式试验证书等内容。

(2) 气瓶充装单位应当建立本单位气瓶充装信息追溯平台(以下简称充装信息平台),公示的信息至少包括:办理使用登记的气瓶基本信息、使用登记标识、检验合格标识、气瓶钢印编号(或气瓶钢印标识截图)、充装介质、充装人员、充装日期、充装前后气瓶检查人员等内容。充装单位自2021年6月1日以后购置的燃气气瓶,应当按照《气瓶安全技术规程》(TSG 23—2021)的要求,要求制造单位在气瓶封头上凹印充装单位的标志,封头上未凹印充装单位标志的,不得申请办理气瓶使用登记和进行充装。充装信息平台要为气瓶定期检验机构留有数据接口,便于检验机构传送定期检验(结果)报告、更换的气瓶阀门制造单位以及定期检验不合格报废的气瓶数量等。

按照《关于加强氢气瓶管理严防流入制毒渠道的通知》(禁毒办通〔2018〕9号)要求,氢气瓶充装单位应建立独立的瓶装氢气充装环节追溯平台并向禁毒办上传数据,对氢气瓶的档案、充装、销售、检验等内容进行动态管理。

气瓶质量安全追溯信息平台的应用基本要求如下:

(1) 及时上传各类基本数据。各制造单位在产品制造完成10个工作日内将产品的数据上传至制造信息平台;充装单位在充装完成24小时内、检验机构在定期检验报告完成5个工作日内分别将充装、检验的数据上传至充装信息平台;

(2) 推进追溯信息互联互通。在制造信息平台和充装信息平台完成建设的基础上,省、市级市场监管部门应积极推动建设省级、市级气瓶追溯公共服务数据平台,汇集本行政区域气瓶充装、检验等数据信息;市场监管总局推动建设全国气瓶产品生产信息追溯公共服务数据平台,汇集全国气瓶制造数据信息,逐步实现气瓶追溯信息的数据联网交换、共享机制,构建气瓶全过程信息化质量安全追溯体系;

(3) 拓展气瓶追溯信息价值。实现气瓶追溯信息在监督检验、产品召回、监督检查、应急处置、事故调查工作中的追溯应用,推动实现风险警示、宣传教育、社会监督相辅相成的良好安全氛围;

(4) 建立数据安全机制。气瓶质量安全追溯信息平台所采集的数据应从技术上、制度上保证不可篡改。制造信息平台、充装信息平台需及时进行数据备份,并确保备份数据与原始数据一致。气瓶制造信息平台追溯信息记录和凭证保存期限不少于10年,充装信息平台追溯信息记录和凭证保存期限应不少于气瓶的一个检验周期;

(5)加强监督和指导。按照属地管理原则,各级市场监管部门要在地方政府统一领导下,监督指导气瓶相关单位建立气瓶质量安全追溯信息平台,加强监督检查,并注重同公安、住房城乡建设、商务等部门的协调配合,加强数据整合与互通,避免重复建设,促进追溯信息协同管理、资源共享。积极鼓励各行业协会等社会组织在追溯体系建设中发挥积极作用,做好服务与引导。

3.7 气瓶专项整治

气瓶安全涉及人民群众切身利益安全,关系社会稳定发展大局,而瓶装液化石油气安全管理又是城市安全运行管理的重要内容,国家市场监督总局、住房和城乡建设部、公安部、交通运输部、应急管理部等 5 部门联合开展液化石油气瓶和瓶装液化石油气安全专项整治活动,切实推动解决“黑户瓶”装“黑煤气”,充装过期钢瓶,安全管理成难题、事故时有发生等问题。

3.7.1　气瓶专项整治要点

坚决打击气瓶充装、检验等过程中的违法违规行为;严格落实守气瓶安全管理各项制度,全面落实气瓶充装单位的主体责任;提高气瓶安全管理水平,有效防止气瓶事故的发生。

3.7.1.1　气瓶充装专项整治要点

(1) 检查充装单位是否持有有效的充装许可证,是否按照许可范围开展充装,单位名称、生产场地等变更是否及时向发证机构办理相关手续;

(2) 检查充装单位技术力量、充装资源条件是否持续满足有关法规、规范要求;

(3) 检查充装单位质量保证体系建立及运行是否符合要求;

(4) 检查充装单位是否制定符合许可规则要求的气瓶安全管理制度、安全技术操作规程等;

(5) 检查充装单位现行气瓶安全法规、安全技术规范和标准是否齐全;

(6) 检查充装单位是否按规定开展充装,是否违规充装不符合安全要求的气瓶,严查充装“黑户瓶”(未在本单位办理使用登记的气瓶)、翻新气瓶、超期未检气瓶、检验不合格或已判废未去功能化的气瓶、以及“螺丝瓶”;

(7) 检查充装单位是否严格执行各项安全管理制度和安全操作规程,按规定做好工作记录并妥善保管(特别是充装前后的检查记录、充装操作记录);

(8) 检查充装单位所使用的特种设备是否办理使用登记,是否在检验有效期内,操作人员是否持证上岗;是否对自有产权气瓶办理使用登记;是否使用不合格或超过设计年限的气瓶阀门;

(9) 督促气瓶充装单位在规定的时间内采用加装电子标签、二维码等信息化手段,建立气瓶充装质量追溯信息系统,推进气瓶信息化管理;

(10) 督促气瓶充装单位落实企业主体责任,对不符合充装条件的气瓶严禁充装。

3.7.1.2　气瓶检验专项整治要点

(1) 检查检验单位是否持有有效的检验核准证,是否按照核准范围开展气瓶检验;

(2) 技术负责人、检验员资格证件是否有效,是否执业注册在本检验站,人员数量,项目是否符合许可要求;

(3) 检查检验单位质量保证体系建立及运行是否符合要求;

(4) 检查检验单位现行气瓶安全法规、安全技术规范和标准是否齐全;检验设备、仪器、量具是否符合核准要求，检验用的计量器具是否在检定有效期内；

(5) 检查检验单位是否按检验流程开展气瓶检验工作，是否及时出具气瓶检验报告，报告里的检验项目是否齐全，检验数据是否真实、准确；

(6) 检查检验单位所使用的特种设备是否办理使用登记，是否在检验有效期内；

(7) 检验合格钢瓶是否有检验合格标识(安全评价合格标识)，对超过设计使用年限气瓶和应报废的气瓶去功能化处理的实施效果；是否使用不合格或超过设计年限的气瓶阀门；液化石油气钢瓶是否已更换符合 GB7512—2017《液化石油气瓶阀》要求的瓶阀。

3.7.2 气瓶专项整治中发现的主要问题及解决方法

气瓶专项整治中发现的主要问题：

(1) 未经许可或者超出许可范围进行充装活动；

(2) 违法充装超期未检气瓶、改装气瓶、翻新气瓶、报废气瓶和“黑户瓶”等；

(3) 部分气瓶充装单位主要负责人、安全管理人员安全责任不落实，安全意识淡薄；

(4) 不按规定实施充装前后的检查、充装记录制度，现场不进行充装检查及充装记录填写；

(5) 自有产权气瓶未办理使用登记，或新购置气瓶未及时办理气瓶使用登记；

(6) 未建立并实施气瓶质量安全追溯体系和未建立气瓶安全技术档案的问题十分突出；

(7) 气瓶充装单位不履行向气体使用者提供符合安全技术规范要求的气瓶和对气体使用者进行气瓶安全使用指导的法定义务；

(8) 气瓶检验站不及时对报废气瓶进行压扁或解体等消除使用功能处理；不按安全技术规范及标准规定的项目和要求进行定期检验和安全评估，以及安全评估后的液化石油气钢瓶不标识允许使用的最后时限等严重问题。

针对气瓶专项整治中发现的主要问题，各气瓶充装单位要积极宣传违法充装和使用不合格气瓶的危险性，并向气体消费者宣传安全使用知识和危险性警示要求，保证向气体消费者提供的气瓶安全可靠，切实履行和承担保障气瓶安全义务。解决的主要方法要求严格落实安全管理责任：督促落实企业主体责任、切实履行部门监管职责；依法规范市场经营秩序：加快完善管理制度、加强市场准入管理、加强瓶装液化石油气配送管理；加强用户安全用气管理：完善用户用气管理制度、提升用户用气服务质量、加强餐饮经营单位安全管理；提升行业安全管理能力：推广使用先进技术、提高监管信息化水平；强化组织实施：加强组织领导、注重宣传引导。进一步夯实气瓶监管基础，坚持人民至上、生命至上，牢固树立安全发展理念，完善和落实安全生产责任制，建立健全瓶装液化石油气安全管理各项制度，提升行业安全管理能力，防范和化解安全风险，满足人民日益增长的美好生活需要。

液化石油气瓶安全专项整治的主要措施：

(1) 严禁充装报废气瓶、翻新气瓶、超期未检气瓶、改装气瓶、“黑户瓶”以及钢印标识不清和瓶体严重损伤等其他不合格气瓶。违者，按《特种设备安全法》第八十五条严厉查处。

(2) 严禁未经许可或者超出许可范围开展或从事充装活动。违者，一律按《特种设备安全法》第八十五条立案并严厉查处。

(3) 严禁对在当地特种设备监督管理部门规定的时限内未建立气瓶质量追溯体系的新建充装站进行充装许可和现有充装站进行许可换证。违者依法依纪严厉追究有关监管部门和监管人员的责任。

(4) 严禁对未建立气瓶安全技术档案的气瓶进行使用登记。违者依法依纪严厉追究有关监管部门和监管人员的责任。

(5) 严禁未按照规定实施气瓶充装前后的检查、记录制度的充装行为。违者，一律按《特种设备安全法》第八十五条立案并严厉查处。

(6) 严禁不再具备规定的许可条件的充装单位从事充装活动。违者，一律按《特种设备安全法》第八十五条立案查处。

(7) 严禁不按安全技术规范和技术标准进行气瓶定期检验和安全评估、处置报废气瓶、更换气瓶阀门等行为。违者一律立案查处。

(8) 严禁监管有空白、执法“宽松软”现象，坚决杜绝有案不立、有案不查、有案不办等行为。违者一律依法依纪严厉追究有关监管部门和监管人员的责任。

(9) 严禁使用的压力容器、压力管道等特种设备未办理使用登记，无有效的定期检验报告；违者一律按《特种设备安全法》第八十三条要求限期整改，逾期未整改的，责令停止使用充装站内压力容器及压力管道，处一万元以上十万元以下罚款。

(10) 严禁现场特种作业人员无有效操作证件，未持证上岗；违者按《特种设备安全法》第八十六条要求限期整改，逾期未整改的，责令停止使用站内压力容器及压力管道，处一万元以上五元以下罚款。

3.8　气瓶用户使用安全管理

气瓶充装单位应当向瓶装气体经销单位和消费者提供符合安全技术规范及相应标准要求的气瓶，并负责对其进行气瓶安全使用知识的宣传和培训，要求遵守以下要求：

(1) 瓶装气体经销单位及消费者应当建立相应的安全管理制度和操作规程，配备必要的防护用品，指派掌握相关知识和技能的人员管理气瓶，并进行应急演练；发现气瓶出现异常情况时，应当及时与充装单位联系。

(2) 禁止将盛装气体的气瓶置于人员密集或者靠近热源的场所使用，禁止用任何热源对气瓶进行加热;使用盛装燃气的气瓶,应当符合安全生产、公安消防以及燃气行业等有关法律法规、安全技术规范及相应标准的规定。

(3) 瓶装气体经销单位和消费者应当经销和购买粘贴有符合《气瓶安全技术规程》(TSG 23—2021)要求的充装产品合格标签的瓶装气体,不得经销和购买超期未检气瓶或者报废气瓶盛装的气体。

(4) 在可能造成气体回流的使用场合,设备上应当配置防止倒灌的装置,如单向阀、止回阀、缓冲罐等;瓶内气体不得用尽,压缩气体、溶解乙炔气气瓶的剩余压力应当不小于 0.05 MPa;液化气体、低温液化气体及低温液体气瓶应当留有不少于 0.5 %~1.0 %规定充装量的剩余气体。

(5) 运输气瓶时应当整齐放置,横放时,瓶端朝向一致;立放时,要妥善固定,防止气瓶倾倒;佩戴好瓶帽(有防护罩的气瓶除外),轻装轻卸,严禁抛、滑、滚、碰、撞、敲击气瓶;吊装时,严禁使用电磁起重机和金属链绳。

(6) 储存瓶装气体实瓶时,存放空间内温度不得超过 40 ℃,否则应当采用喷淋等冷却措施;空瓶与实瓶应分开放置,并有明显标志,毒性气体实瓶和瓶内气体相互接触能引起燃烧、爆炸、产生毒物的实瓶,应当分室存放,并在附近配备防毒用具和灭火器材;储存易起聚合反应或分解反应的瓶装气体时,应当根据气体的性质控制存放空间的最高温度和规定储存期限。

气瓶的使用单位和操作人员在使用气瓶时应做到:

(1) 使用气瓶前使用者应对气瓶进行安全状况检查,不符合安全技术要求的气瓶严禁入库和使用;使用时必须严格按照使用说明书的要求使用气瓶;检查重点:对盛装气体进行确认,盛装气体是否符合作业要求,入库的气瓶应与气瓶制造钢印中充装气体名称或化学分子式一致;瓶体是否完好;减压器、流量表、软管、防回火装置是否有泄漏、磨损及接头松懈等现象。

(2) 使用单位应做到专瓶专用,不应擅自更改气体的钢印和颜色标记。

(3) 气瓶使用时,应立放,并应有防止倾倒的措施。

(4) 近距离移动气瓶,可采用徒手倾斜滚动的方式移动,远距离移动时,可用轻便小车运送。不应抛滚、滑、翻。气瓶在工地使用时,应将其放在专用车辆上或将其固定使用。

(5) 使用氧气或其他强氧化性气体的气瓶,其瓶体、瓶阀不应沾染油脂或其他可燃物。使用人员的工作服、手套和装卸工具、机具上不应沾有油脂。

(6) 在安装减压阀或汇流排时,应检查卡箍或连接螺帽的螺纹完好。用于连接气瓶的减压器、接头、导管和压力表,应涂以标记,用在专一类气瓶上。

(7) 开启或关闭瓶阀时,应用手或专用扳手,不应使用锤子、管钳、长柄螺纹扳手。

(8) 开启或关闭瓶阀的转动速度应缓慢。

(9) 发现瓶阀漏气、或打开无气体、或存在其他缺陷时，应将瓶阀关闭，并做好标识，返回气瓶充装单位处理。

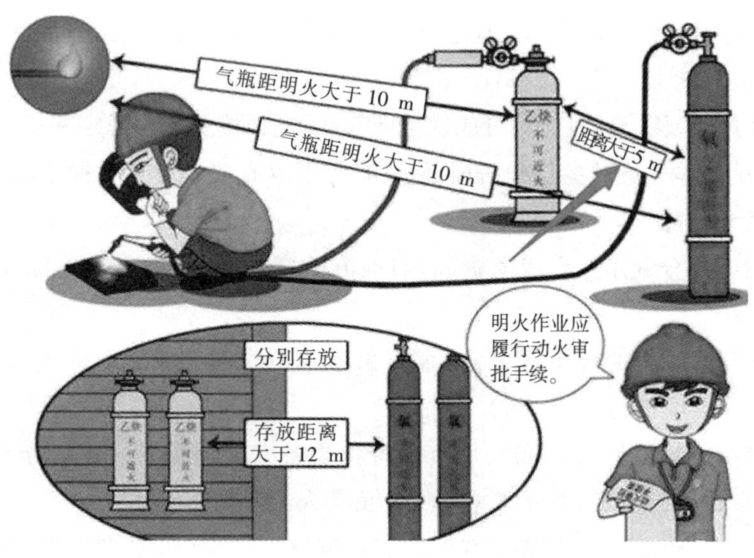

图 3-2　气瓶使用安全示意图

3.9　气瓶事故应急救援预案

《特种设备安全法》第六十九条规定："国务院负责特种设备安全监督管理的部门应当依法组织制定特种设备重特大事故应急预案，报国务院批准后纳入国家突发事件应急预案体系。县级以上地方各级人民政府及其负责特种设备安全监督管理的部门应当依法组织制定本行政区域内特种设备事故应急预案，建立或者纳入相应的应急处置与救援体系。特种设备使用单位应当制定特种设备事故应急专项预案，并定期进行应急演练。"

气瓶事故应急预案在气瓶事故应急系统中起着关键作用，它明确了在突发事故发生之前、发生过程中及刚刚结束之后，谁负责做什么、何时做，以及相应的策略和资源准备等。它是针对可能发生的气瓶事故及其影响和后果的严重程度，为应急准备和应急相应各方面所预先做出详细的安排，是开展及时、有序和有效事故应急救援工作的行动指南。

3.9.1　气瓶事故应急救援预案编制

气瓶事故应急救援预案的编制一般包括以下 6 个步骤：

(1) 成立工作组，结合单位部门职责分工，成立以主要负责人为领导的应急预案编制工作组，明确编制任务、职责分工，制定工作计划。

(2) 资料收集，收集应急预案编制所需的各种资料(包括：法律法规、应急预案、技术标准、国内外同行业事故案例分析、本单位技术资料等)。

(3) 危险源与风险分析,可能发生事故的类型和后果,进行事故风险分析并指出事故可能产生的次生衍生事故,形成分析报告,分析结果作为应急救援预案的编制依据。

(4) 应急能力评估。对本单位应急装备、应急队伍等应急能力进行评估,并结合本单位实际,加强应急能力建设。

(5) 应急救援预案编制,针对可能发生的气瓶事故,按照有关规定和要求编制应急救援预案,应注重全体人员的参与和培训,使所有与事故有关人员均掌握危险源的危险性、应急处置方案和技能。

应急预案应充分利用社会应急资源,与地方政府预案、上级主管单位及相关部门的预案相衔接。

(6) 应急救援预案的评审和发布,评审由本单位主要负责人组织有关部门和人员进行。

外部评审由上级主管部门或当地负责特种设备安全监督管理部门组织审查,评审后,按规定报有关部门备案,并经本单位主要负责人签署发布。

气瓶事故应急救援预案应结合本单位实际情况进行编制,主要包括:确定应急处置技术方法,明确应急救援指挥和协调机构、应急救援人员分工和职责划分、应急设备、紧急处置、人员疏散、抢险、医疗等急救措施、社会支援救助、应急救援预案的训练和演习等,及时修订和完善应急救援预案,保证应急救援预案的有效性和可操作性。

3.9.2 气瓶事故应急救援预案演练

应急演练是指各级政府部门、企事业单位、社会团体,组织相关应急人员与群众,针对待定的突发事件、假想情景,按照应急预案所规定的职责和程序,在特定的时间和地点,执行应急响应任务的训练活动。

应急演练的目的:

(1) 检验预案。通过开展应急演练。查找应急演练中存在的问题,进而完善应急预案,提高应急演练的实用性和可操作性;

(2) 完善演练准备。通过开展应急演练,检查应对突发事件所需应急队伍、物资、装备、技术等方面的准备情况,发现不足及时予以调节补充,做好应急准备工作;

(3) 锻炼队伍。通过开展应急演练,增加演练组织单位、参与单位和人员等对应急预案的熟悉程度,提高其应急处置能力;

(4) 磨合机制。通过开展应急演练,进一步明确相关单位和人员的职责任务、理顺工作关系,完善应急机制;

(5) 科普与宣教。通过开展应急演练,普及应急知识,提高公众风险防范意识和自救互救等灾害应对能力。

第4章　气瓶事故

事故是发生于预期之外的造成人身伤害或财产或经济损失的事件，在事故的多种定义中，伯克霍夫(Berckhoff)的定义较著名。伯克霍夫认为，事故是人(个人或集体)在为实现某种意图而进行的活动过程中，突然发生的、违反人的意志的、迫使活动暂时或永久停止、或迫使之前存续的状态发生暂时或永久性改变的事件。简单地说，事故一般是指当事人违反法律法规或由疏忽失误造成的意外死亡、疾病、伤害、损坏或者其他严重损失的情况，如交通事故、生产事故、医疗事故、自伤事故。因此，事故是一种动态事件，它开始于危险的激化，并以一系列原因事件按一定的逻辑顺序流经系统而造成的损失。

气瓶事故属于特种设备事故，主要是指瓶装气体在充装、储存、运输及使用过程中出现的火灾、爆炸，或有毒气体气瓶泄漏或破裂而造成的毒害，致使人员伤亡、财产损失、设备建筑严重破坏或中断运行、人员滞留、人员转移等突发事件。

4.1　气瓶爆炸能量

气瓶破裂时，气体泄出，瞬间膨胀释放出大量的能量，这就是通常所说的物理爆炸现象。如果气瓶内充装的是可燃的液化气体，在气瓶破裂后，它立即蒸发并与周围的空气形成可爆性混合气体，遇到明火、气瓶碎片撞击设备产生的火花或高速气流所产生的静电作用，会立即发生化学爆炸，即通常所说的二次爆炸。因此，气瓶破裂时，其爆炸能量的大小不但与原有的压力和气瓶的容积有关，而且还会与介质的化学性质及在容器内的物性集态有关。

4.1.1　压缩气体爆炸能量计算

压缩气体在气瓶破裂时迅速降压膨胀，由于膨胀过程所经历的时间很短，因此可以认为没有热量的传递，即气体的膨胀是在绝热状态下进行的。所以压缩气瓶的爆炸能量就是气体绝热膨胀所做的功。气体的绝热膨胀功可用公式(4－1)进行计算：

$$U_g=\frac{pV}{K-1}\left[1-\left(\frac{0.1013}{p}\right)^{\frac{K-1}{K}}\right]\times 10^3 \tag{4-1}$$

式中：U_g —气体膨胀功，即爆炸能量，kJ；p—气瓶内气体的绝对压力，MPa；V—气瓶的容积，m^3；K—气体的绝热指数。

气体的绝热指数可以按它的分子组成近似地确定。如双原子气体 $K=1.4$；三原子气体和四原子气体 $K=1.2\sim1.3$，常见的压缩气体绝热指数可从表 4－1 中查得。

表 4－1　常见的压缩气体绝热指数

气体名称	空气	氮	氧	氢	甲烷	乙烷	一氧化碳	二氧化碳
K	1.4	1.4	1.397	1.412	1.315	1.18	1.395	1.295

从表中可以看出，常用气体的绝热指数均为 1.4 或近似 1.4，用 $K=1.4$ 代入公式(4－1)即可得出这些气体气瓶的爆炸为：

$$\begin{cases} U_g=2.5pV\left[1-\left(\frac{0.1013}{p}\right)^{0,2857}\right]\times 10^3 \\ C_g=2.5p\left[1-\left(\frac{0.1013}{p}\right)^{0,2857}\right]\times 10^3 \end{cases} \tag{4-2}$$

则式(4－2) 可以简化为：

$$U_g=C_g\cdot V \tag{4-3}$$

式中：U_g —气体爆炸能量，kJ；V—气体体积，m^3；C_g—压缩气体爆炸能量系数，kJ/m^3。

压缩气体爆炸能量系数随它的绝对压力而定，即 C_g是 p 的函数。各种常用压力(绝对压力)下压缩气体的爆炸能量系数见表 4－2 所示。

表 4－2　常用压力下压缩气体的爆炸能量系数(K=1.4)

绝对压力/MPa	0.3	0.5	0.7	0.9	1.1	1.7
爆炸能量系数/(kJ/m^3)	2×10^2	4.6×10^2	7.5×10^2	1.1×10^3	1.4×10^3	2.4×10^3
绝对压力/MPa	2.7	4.1	5.1	6.5	15.1	32.1
爆炸能量系数/(kJ/m^3)	3.9×10^3	6.7×10^3	8.6×10^3	1.1×10^4	2.9×10^4	6.5×10^4

下面以氧气钢瓶发生物理爆炸，计算其所释放的爆炸能量。

(1) TNT 当量计算

当氧气钢瓶发生爆炸时，气体膨胀所释放的能量(即爆破能量)不仅与气体压力和储罐的容积有关，而且与介质在容器内的物性相态相关。氧气为非热力气体，无焓值、熵值；承压状态下称压缩气体，承压钢瓶破裂时属物理性爆炸；其能量计算，与瓶内压力、瓶体容积、气体绝热指数有关。本例中运用压缩气体爆破能量计算模型计算，其释放的爆破能量为：

$$U_g=\frac{2.5pV}{K-1}\left[1-\left(\frac{0.1013}{p}\right)^{\frac{K-1}{K}}\right]\times 10^3$$

此处取 1.4；令

$$C_g = 2.5p\left[1-\left(\frac{0.1013}{p}\right)^{0.2857}\right]\times 10^3$$

则

$$U_g = C_g \cdot V$$

式中，C_g—常用压缩气体爆炸能量系数，kJ/m^3，此处取值为 1.1×10^3 kJ/m^3；

本项目氧气实瓶储存量为 400 个，假设均发生爆炸，则 $V=16$ m^3；

则 $E_g = C_g \cdot V = 1.1\times10^3\ \text{kJ/m}^3\times 16\ \text{m}^3 = 1.76\times10^4$ kJ；

将爆破能量换算成 TNT 当量 W_{TNT}。因为 1 kg TNT 爆炸所释放的爆破能量为 4 230～4 836 kJ，一般取平均爆破能量为 4 500 kJ，故其关系为

$$W = \frac{E_g}{4\ 500} = \frac{1.76\times10^4}{4\ 500} = 0.39\ \text{kg}$$

即氧气钢瓶爆炸释放的能量相当于 0.39 kg TNT 爆炸所释放的爆破能量。

(2) 冲击波计算

爆炸模拟比为 a。

$$a = \left(\frac{q}{q_0}\right)^{1/3} = \left(\frac{0.39}{1\ 000}\right)^{1/3} = 0.073$$

求出在 1000 kg TNT 爆炸试验中相当距离 R_o 的相应值 $R_o = R/a$

按照模拟比值和 1000 kg TNT 在空气中爆炸试验中所产生的冲击波距离 R_o/m 值计算结果见表 4—3 所示。

表 4—3　钢瓶模拟爆炸产生的冲击波超压数值

距离 R_o/m	0.77	0.924	1.078	1.232	1.386	1.54	1.848	2.156
超压 p_o/MPa	2.94	2.06	1.67	1.27	0.95	0.76	0.50	0.33
距离 R_o/m	2.464	2.772	3.08	3.85	4.62	5.39	6.16	6.93
超压 Δp_o/MPa	0.235	0.17	0.126	0.079	0.057	0.043	0.033	0.027
距离 R_o/m	7.7	8.47	9.24	10.01	10.78	11.55		
超压 Δp_o/MPa	0.0235	0.0205	0.018	0.016	0.0143	0.013		

从表 4—2 和表 4—3 中，得到钢瓶爆炸所造成的冲击波对人体的伤害作用和对建筑物的破坏作用。

注：不考虑爆炸造成的飞散物和火灾对人的伤害，对建筑物的破坏，不考虑低温和中毒对人的伤害。

表 4—4　冲击波对人体的伤害作用

超压 Δp_o/MPa	伤害作用	超压 Δp_o/MPa	伤害作用
0.02～0.03	轻微损伤	0.05～0.10	内脏严重损伤或死亡
0.03～0.05	听觉器官损伤、骨折	＞0.10	大部分人员死亡

表 4—5 冲击波对建筑物的破坏作用

超压 Δp_o/MPa	破坏情况
<0.03	门窗玻璃破碎,建筑物局部破坏或轻微破坏,墙裂缝
0.03～0.05	建筑物中度破坏,墙大裂缝,屋瓦掉下
0.05～0.10	木建筑厂房柱折断,房架松动,墙倒塌
>0.10	防震钢筋混凝土建筑物破坏,小房屋倒塌

由以上计算可知,钢瓶在半径 3.08 m 范围内爆炸产生的冲击波大于 0.126 MPa,在此范围内大部分人员死亡,小房屋倒塌,钢筋混凝土建筑物破坏;在半径 3.08～4.62 m 范围内,人员内脏严重损伤或死亡,木建筑物严重破坏,墙倒塌;在半径 4.62～6.16 m 范围内,人的听觉器官损伤或骨折,建筑物中度破坏,墙体裂缝,屋瓦掉下;在半径 6.16～9.24 m范围内,人员受到轻微损伤,建筑物轻度破坏或局部破坏;在半径 9.24 m 以外,基本无人员伤害,无建筑物破坏。

4.1.2 液化气体爆炸能量

介质为液化气体的气瓶,在破裂时,除了气体迅速膨胀以外,还有处于过热状态的液体急剧蒸发,所以这类气瓶在破裂时所释放出来的能量包括瓶内饱和蒸汽绝热膨胀产生的爆炸能量和饱和液体急剧蒸发产生的爆炸能量。一般情况下,这类气瓶内饱和液体占绝大部分,它的爆炸能量要比饱和蒸汽的爆炸能量大得多,所以计算时饱和蒸汽的爆炸能量可忽略不计。

表 4—6 常用压力下干饱和蒸汽爆炸能量系数

绝对压力/MPa	0.4	0.5	0.6	0.8	0.9
爆炸能量系数/(kJ/m³)	4.46×10^2	6.4×10^2	8.46×10^2	1.29×10^1	1.52×10^3
绝对压力/MPa	1.1	1.4	1.7	2.6	3.1
爆炸能量系数/(kJ/m³)	2.01×10^5	2.78×10^3	3.58×10^3	6.16×10^3	7.67×10^3

饱和液体在大气压下过热而急剧蒸发的过程是在极短的时间内完成的,所以它也是一个绝热过程。因此饱和液体的爆炸能即为处于过热状态的液体在绝热条件下膨胀所做的功,可以按下式计算:

$$U_1 = W_1[(H_1 - H_2) - (S_1 - S_2)T_1] \qquad (4-4)$$

式中:U_1—过热状态下的液体的爆炸能量,kJ;W_1—液化石油气的质量,kg;H_1—钢瓶破裂前压力或温度下饱和液体的焓,kJ/kg;H_2—钢瓶破裂后(大气压下)饱和液体的焓,kJ/kg;S_1—钢瓶破裂前压力或温度下饱和液体的熵,kJ/(kg·K);S_2—钢瓶破裂后(大气压下)饱和液体的熵,kJ/(kg·K);T_1—介质在大气压力下的沸点,K。

可燃性气体气瓶外二次爆炸能量：

介质为可燃气体的气瓶破裂时，除了瓶内高压气体膨胀释放能量以外，往往还会发生化学爆炸，即通常所说的二次爆炸。两次爆炸往往是相继发生的，间隔的时间很短，而且二次爆炸的能量常比第一次气体膨胀爆炸的能量大得多。

在气瓶破裂时，气瓶内可燃气体几乎全部流出。由于这些可燃气体一般以球形或其他形状向四周扩散，因此，只有外围的一部分可燃气体与大气中的氧混合形成爆炸性混合物，并不是全部可燃气体都参与爆炸反应。由于参加反应的可燃气体量的多少与许多因素有关，因此要准确计算化学爆炸的能量比较困难。一般只能估算，即假定参与反应的气体所占的百分比，然后按照这些可燃气体的燃烧热计算其爆炸能量。即

$$L_H = V \cdot H \tag{4-5}$$

式中：L_H—化学爆炸时的爆炸能量，kJ；V—参与化学反应的可燃气体体积，m^3；H—可燃气体的高燃烧热值，kJ/m^3。

4.1.3　可燃液化气体气瓶爆炸时的燃烧范围

液化气体气瓶破裂后，部分液体迅速蒸发，发生“蒸气爆炸”，如果介质是可燃气体，则会着火燃烧，另一部分未被蒸发的液体在蒸气爆炸的同时将呈雾状散落在空气中。当空气着火时，这些雾状的液滴也同时与周围的空气混合，产生燃烧爆炸。所以可燃液化气体气瓶发生爆炸时，其内部的液体几乎是全部烧净的。可燃气体与大量的空气混合产生燃烧爆炸，而燃烧时放出的热量又进一步把燃烧生成的气体（水蒸气、二氧化碳等）升温膨胀，于是就形成了体积巨大的高温燃气团，使附近区域变成火海。

以液化石油气丙烷为例，粗略计算这种气体气瓶爆炸时所产生的高温燃气体积。设气瓶内所装的丙烷为 W(kg)，当气瓶破裂后，一部分被蒸发成气体，并产生燃烧爆炸；另一部分以雾状的液滴散落在空气中，因此也同时被燃烧。设燃烧完全，即按下列反应式进行：

$$C_3H_8 + 5O_2 = 3CO_2 + 4H_2O$$

1 个分子丙烷（相对分子质量 44）完全燃烧需要 5 个分子氧（总相对分子质量 160），则 1 kg 丙烷完全燃烧需氧量：$\frac{160}{44} = 3.64$ (kg)。换算需要空气量：$\frac{3.64}{0.21} = 17.3$(kg)。完全燃烧后产生的气体为 17.3+1=18.3(kg)。丙烷重量为 W(kg)完全燃烧后生成气体（水蒸气、二氧化碳）的重量为 18.3W(kg)。燃烧后气体在标准状态下的密度约为 1.25 kg/m^3，即燃烧后生成的气体体积为：$\frac{18.3}{1.25}$(m^3)。丙烷液体的燃烧热值为 4.605×10^4 kJ/kg，设燃烧后气体的比热为 1.256 kJ/kg·℃，则燃烧后气体温度可升高至

$$\frac{4.605\times10^4}{18.3\times1.256} = 2\,003\ ℃$$

此时燃烧后气体体积为：

$$\frac{18.3W}{1.25}\times\frac{273+2003}{273}=122\ W(m^3) \tag{4-6}$$

设这 122W（m^3）的 2 003 ℃的高温燃气以半球形向周围扩散，则其扩散半径为

$$R_r=\sqrt[3]{0.477W\times122}=3.9\ \sqrt[3]{W}m \tag{4-7}$$

也就是说，以爆炸气瓶为中心，在直径约为 7.8 $\sqrt[3]{W}$m、高 3.9 $\sqrt[3]{W}$m 范围内所有可燃物都会着火，在此范围内的所有人员也要被烧伤。

综上所述，1 只 YSP35.5 型的民用液化石油气钢瓶爆炸时，其燃烧范围至少可达 20 m。1 个盛装 10 t 液化石油气的储罐发生爆炸时，其燃烧范围至少可达 170 m。

4.2　气瓶事故案例

4.2.1　液氨气瓶事故案例

4.2.1.1　事故经过及概况

2005 年 7 月 4 日 12 时左右，上海市奉贤区某村交通管理站一辆装运奉贤区月日液氨气体有限公司液氨钢瓶的运输车辆，在南汇区某乳业公司卸完两瓶液氨后，途经林一饭店，驾驶员和押运员离车用餐。约 20 分钟后，在烈日的暴晒下，1 只 200 kg 的钢瓶突然爆裂，从大货车上直蹿起来，腾空而上约 3 层楼高，落下后就冒出一股浓浓的白烟，空气中瞬间就弥漫着极其难闻的氨气。而伴随爆炸产生的冲击波直接炸飞了路旁的护栏、建筑物。距离事发点 5 m 处的一颗行道树绿色的树叶在短短半个小时内全部变成了黄色。钢瓶爆炸之后，迅速蔓延的氨气导致现场附近 108 人次氨气中毒。

图 4-1　液氨钢瓶在烈日暴晒下爆裂起火现场

事故发生时，车载 10 只液氨钢瓶：其中 6 只为 200 kg，其中 4 只为空瓶，2 只为某乳业公司刚卸完液的钢瓶，爆裂钢瓶是刚卸完液的一只钢瓶；另外 4 只为 50 kg。事后经称

量发现，有 1 只 200 kg 瓶内尚有残余液氨 31 kg；4 只 50 kg 液氨钢瓶为满瓶。驾驶员和押运员持有相关证件。钢瓶运输过程没有遮阳措施。

气瓶充装时间为 2005 年 6 月 27 日（事发前 8 日），充装单位没有相关瓶号的记录。用户单位采购资料中没有相关瓶号记录，也没有现场卸液氨操作的相关记录，无法真实反映卸液氨瓶号、卸液前后压力变化、储槽液位记录等。

满液气瓶于事发日 9 时 30 分左右到达用户作业现场，卸氨后约 11 时 15 分离开。卸第一瓶液用了 20 分钟；卸第二瓶时由于下方的液相接口连接出现问题，便将卸液导管接在了上方的气相接口上，连接导管用时 10 多分钟，然后用了近 1 小时卸液，其间操作人员曾对液氨管路系统的阀门进行操作，以瓶体结霜作为确认液氨卸完的依据。用户无卸液计量设施，储槽液位计模糊不清，难以正确确定液位，且没有配置防止倒灌的装置，在系统压缩机工作的情况下，存在操作失误导致系统内液氨倒灌至钢瓶的条件。

在对钢瓶表面除漆后，未见气瓶制造单位钢印。发现四处检验钢印，其中“03”钢印明显有误，反映出该气瓶检验单位管理混乱，也不排除是不具备资质的非法检验单位。破口呈塑性断裂，断口上未见明显的金属缺陷，破口沿筒体中部纵向破裂，长约 710 mm，宽约 50 mm，距下焊缝约 410 mm，破口中央在纵焊缝的热影响区近熔合线处，断口处测得的最小壁厚为 3.1 mm。筒体周长约 1978 mm，破口最大处筒体周长约 2030 mm。事故瓶外表面腐蚀较严重。瓶体表面存在大量点状腐蚀，尤其是焊缝附近。

4.2.1.2　事故原因分析

1. 事故直接原因

(1) 不安全行为：使用无防晒装备的危险化学品运输车辆，将危险货物运输车辆停放在人员密集地带。

(2) 机械、物质或环境的不安全状态：防护设施及附件缺乏，危险化学品运输车辆无防晒装备。

2. 事故间接原因

(1) 劳动组织不合理。夏季中午高温天气进行危险化学品运输，运输车辆不采取防晒措施。

事故发生当日的平均气温达到了 35 ℃，而上海市中心气象台测得的当日当地最高温度达到了 38.7 ℃——在上面两个问题存在的情况下，高温暴晒就好像是点燃了导火索一样，一下子就引爆了液氨钢瓶这颗“定时炸弹”。

(2) 教育培训不够。事故责任人将危险化学品车辆驾驶停在人员密集的饭店门口。

(3) 没有安全操作规程或安全操作规程不健全。涉事液氨气体公司违规使用超期服役、腐蚀严重的钢瓶。

经过调查人员的核查，发现事故钢瓶上面竟然没有可以辨认的制造钢印，而钢瓶爆裂处的腐蚀非常严重，瓶上最早的检验钢印日期是 1990 年 8 月。而按照国标《钢制焊接气瓶定期检验与评定》(GB13075—1999)的规定——使用年限超过 12 年的气瓶(存放腐蚀性气体)应当报废处理。

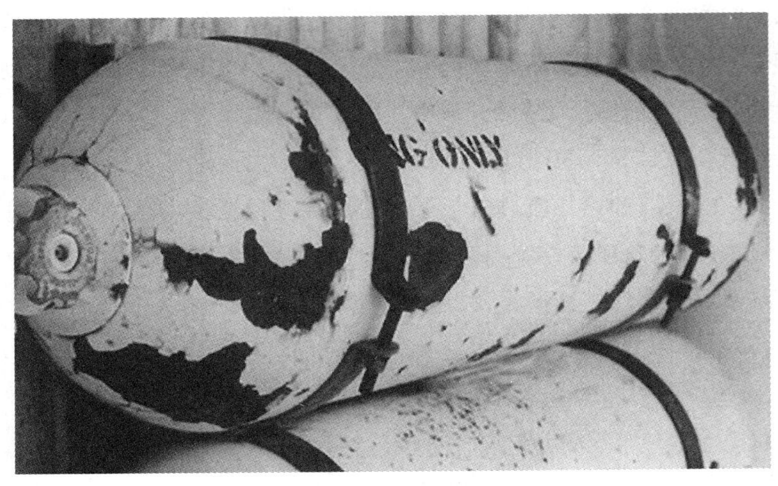

图 4-2 锈蚀的气瓶

(4) 没有认真落实事故防范措施,涉事液氨气体公司对事故隐患整改不力。钢瓶内液氨充装过量没采取措施进行倒残处理。

4.2.1.3 预防同类事故的措施

(1) 充装单位对充装环节应当严格管理,按规定如实记录,并至少存档 1 年,严格执行充装人员岗位责任制和充装前检查制度,防止气瓶超装、混装、错装引发事故。对超期气瓶或瓶号等规定标记不详者,不得充装。

(2) 用户单位对卸液工作必须高度重视,严格管理。明确现场操作人员职责范围,建立并严格执行装卸液氨的操作规程,严格进行相关记录。用户单位必须采取措施,保证安全附件的灵敏可靠,设置防止倒灌的阀门或系统,从根本上杜绝液氨倒灌的可能。

(3) 运输单位应当严格按照《气瓶安全监察规程》规定运输,夏季运输应有遮阳设施,避免暴晒;在城市的繁华地区应当避免白天运输。对运输和作业人员应当进一步加强安全教育。

(4) 有关部门要严格规范气瓶充装企业的资格许可和安全管理工作。要加强气瓶定期检验工作的监督检查。重点检查气瓶定期检验情况,对超期未检或附件不符合规定要求的气瓶,要责令立即停止使用,送交有资格的气瓶检验单位进行检验;严肃查处检验单位和废品收购站将报废气瓶进行翻新、倒卖的行为。对检验工作质量和程序不符合安全技术规范要求的检验机构,应按照有关规定进行处理。

(5) 有关部门要加强对气瓶的维护保养和报废处理情况的检查。特别要督促气瓶充装使用单位对气瓶钢印标已进行重点检查,对超过标准规定使用年限或钢印标记模糊不清等不符合安全要求的气瓶必须报废,进行破坏性解体处理。对气瓶附件损坏,不全或不符合规定的气瓶,应当交由气瓶检验单位进行更换。

(6) 有关部门要加强气瓶充装人员(含充装前检查人员,下同)的监督管理工作。要按照《特种设备作业人员监督管理办法》的规定,强化气瓶充装人员的培训考核工作,提高充装人员持证上岗率。

4.2.2　液化石油气钢瓶事故

案例一

(一)事故发生时间及地点

2015 年 10 月 10 日,芜湖市镜湖区某社区杨家巷“砂锅大王”小吃店发生一起重大瓶装液化石油气泄漏燃烧爆炸事故。

(二)事故概况

2015年10月10日10时许,芜湖市镜湖区某社区杨家巷“砂锅大王”小吃店经营者张××更换了店内东侧铁板烧灶所用的液化石油气钢瓶(以下简称钢瓶)。11 时 40 分许,张××的妻子打开该钢瓶角阀和铁板烧灶开关,欲用点火棒将铁板烧灶点燃,未点燃,随后拧大角阀阀门,仍未点燃,便告知张××处理。张××在处置过程中,发现与灶具连接的液化气钢瓶瓶口附近有火苗,试图关闭钢瓶的角阀,未果。他随即拖出钢瓶,导致钢瓶倾倒、减压阀与角阀脱落,大量液化气喷出,瞬间引发大火,火焰从楼房中冒出。11 时 50 分,该钢瓶发生爆炸,现场浓烟滚滚,最终造成 17 人死亡,直接经济损失约1 528.7万元。

图 4-3　液化气钢瓶老化起火现场

(三)事故原因分析

(1) 造成事故的直接原因。“砂锅大王”店主张××在更换店内给东侧铁板烧灶具供气的钢瓶时,减压阀和钢瓶瓶阀未可靠连接,其妻刁××准备使用的铁板烧灶具,液化气泄漏,并与空气混合,形成的爆炸性混合气体遇邻近砂锅灶明火,导致钢瓶角阀与减压阀连接处(泄漏点)燃烧。张××在处置过程中操作不当,致使钢瓶倾倒、减压阀与角阀脱落,大量液化气喷出,瞬间引发大火,倾倒的钢瓶在高温作用下爆炸。

(2) 间接原因。“砂锅大王”小吃店安全生产主体责任不落实，安全意识淡薄，对钢瓶操作及应急处置不当；芜湖××能源实业有限公司沿河路配送中心落实企业安全生产主体责任不到位，未依规定指导液化石油气用户安全用气；对钢瓶管理不严，对超期钢瓶未进行报废处理；芜湖××能源实业有限公司落实企业安全生产主体责任不到位，对超出使用期限的钢瓶进行违法充装；芜湖市和镜湖区人民政府及有关部门对辖区内餐饮场所燃气安全开展全面检查、整治等工作落实不到位，对事故发生负有重要管理责任。

(四)预防同类事故的措施

(1) 切实落实餐饮场所安全监管责任；

(2) 严肃查处各类不安全行为；

各责任部门要对照各自职责，督促和整改燃气安全隐患，坚决预防燃气事故。检查中要重点查看以下内容：

① 场所是否具备合法经营、使用条件；

② 燃气用具的安装、使用及其线路、管路的设计、敷设、维护保养是否符合有关技术标准和管理规定；

③ 场所是否使用合法供应站提供的瓶装液化石油气钢瓶；

④ 场所是否按要求合理设置液化石油气钢瓶间和可燃气体探测系统，并保证功能齐全有效；

⑤ 员工是否存在不安全使用天然气管道系统和液化石油气钢瓶的行为；

⑥ 厨房和钢瓶间是否违章堆放各类易燃易爆物品；

⑦ 液化石油气充装和供应企业是否按国家标准提供气瓶、气质。

(3) 加强宣传教育和应急救援准备。各有关部门积极宣传燃气安全知识，提高安全防范意识和技能，同时，要根据实际情况不断修订和熟悉预案，加强日常燃气安全事故的应急救援工作准备，一旦发生燃气泄漏事故，要立即采取紧急避险措施，以最快的速度出动、救人、处置，最大限度减少人员伤亡和财产损失。

(4) 企业认真开展自查自纠。各有关企业要切实落实安全主体责任，认真组织专业人员开展安全隐患自查工作，发现问题立即组织整改，重大隐患立即上报，做到隐患及时排查。

案例二

(一)事故发生时间及地点

2013 年 4 月 8 日，江西省武宁县某液化气站充装间。

(二)事故概况

2013 年 4 月 8 日，江西省武宁县某液化气站液化石油气钢瓶爆炸，造成 2 人重伤，1 人轻伤。事发时，气站充装台在充装气瓶时突然起火，气站人员在灭火无效的情况下向

“119”报警。气站管理人员及时关闭了储罐、压力管道阀门。在消防人员灭火时，一只 50 kg气瓶发生爆炸，气瓶残体飞落到停在 100 m 处消防大队的一辆皮卡车顶上后，再落到路上。在气站充装台现场停放的一辆装运气瓶车辆、两辆电动车、10 多只待充气的 50 kg液化气钢瓶被烧毁。气瓶爆炸造成充装台与罐区隔墙倒塌。据了解，现场气瓶充装人员持有气瓶充装作业人员证。

（三）事故原因分析

（1）导致这起事故的直接原因。在充装液化石油气时，充装台上靠近泵房的第一把枪软管与钢管连接处突然断裂，造成大量液化石油气泄漏。泄漏的高压气体高速冲刷正前方的钢瓶产生静电，已形成爆炸性的混合气体遇到静电火花燃烧，造成 3 名工作人员烧伤，并引发液化石油气钢瓶爆炸。

（2）间接原因。该气站未落实安全巡回检查等事故隐患排查治理制度，对存在的事故隐患未能及时发现。发生泄漏时处置不及时。该气站安全生产主体责任未落实，现场安全管理混乱，如气体浓度报警装置失效，充装台地面无防火花地垫，机动车（电动车）不熄火或未戴防火罩进入气站，外来人员携带打火机或手机随意进入气站等。该气站安全投入不到位，未向操作人员发放防静电工作服和防静电鞋等防护用品，致使操作人员穿戴自己购买的化纤衣物上岗操作。

（四）预防同类事故的措施

（1）液化气站应加强安全巡回检查等隐患排查治理工作，确保设备设施的完好运行。

（2）液化气站应建立健全安全生产责任制、管理制度及各项操作规程，并严格执行。

（3）加大安全投入，为从业人员配备符合行业标准的防护用品，并督促其使用。

（4）开展泄漏等内容的事故应急演练，确保发生事故时能够采取有效措施控制事故扩大，减少人民群众生命财产损失。

（5）加大宣传教育和管理力度，杜绝外来人员、车辆随意进入气站生产区，严格执行气站生产区出入制度。

4.2.3　氧气气瓶事故案例

案例一

（一）事故发生时间及地点

2012 年 6 月 26 日，青海省西宁市××气体有限公司氧气瓶充装间。

（二）事故概况

2012 年 6 月 26 日，青海省西宁市××气体有限公司发生一起氧气瓶爆炸事故，造成 3 人死亡。事发时，操作人员准备关闭已经充装完毕的氧气瓶接头阀门，一只气瓶突然发生爆炸。爆炸将充装台彩钢屋面掀飞 30 多米，将充装排 250 mm 厚的混凝土隔墙炸裂，几乎垮塌，向北倾斜约 10°角。充装架与气瓶连接铜管（Φ26 mm×5.5 mm）从丝扣处全部断开，将 5 只瓶阀拉断，另有一只瓶体被撞击产生约 200 mm×200 mm×8 mm的凹坑，另外一只气瓶阀体呈 40°角拉弯，充装间内 20 多只气瓶翻倒，南侧办公楼窗户玻璃全部震碎。

事故气瓶炸成两半。事故气瓶 1988 年 4 月制造，公称压力为 15.0 MPa，水压试验压力为 22.5 MPa，外直径为 219 mm，容积为 40.4 L，残片重量为 56.24 kg，瓶身厚度最大值为 7.8 mm、最小值为 5.3 mm，瓶底厚度最大值为 19.7 mm，最小值为 13.4 mm，颈肩厚度为 11.7 mm. 对瓶体漆色检查，未发现曾经更改用途的痕迹。事故气瓶来源不明，由于该公司管理混乱，未建立气瓶档案，充装只有简单地为结账而做的数量登记，气瓶来源已无从查证，无定期检验的标记及记录。

（三）事故原因分析

（1）氧气瓶爆炸的直接原因是气瓶内壁的有机物（4－羟基－4－甲基－2－戊酮）和氧气接触后形成了爆炸混合气体，在扰动后产生剧烈的化学反应造成的。

（2）间接原因。该单位管理混乱，未按相关规定、标准、制度的要求进行气体充装。以下原因是造成此次事故的间接原因：

① 未取得省质监局气瓶充装许可，擅自充装气瓶。

② 充装人员未取得特种设备（气瓶充装）作业人员证书，擅自从事气瓶充装作业。

③ 未按照永久气体充装规定进行充装前检查（包括瓶体、标记、瓶内气体、异物等）；充装过程未进行检查（瓶体温度、压力）；违反气瓶禁止充装的规定（无定期检验标记）。

④ 无管理记录，充装瓶的所有者不明、收发瓶等均无记录，无充装前、充装中、充装后的检查记录。

（四）预防同类事故的措施

（1）充装单位应严格执行气瓶充装的有关规定，确保不错装、不超装、不混装和充装质量的可追踪检查。

（2）充装单位应取得充装许可资质方可进行充装活动。充装管理人员和充装操作人员应取得特种设备作业人员证书后，方可从事相应的管理和操作工作。

4.2.4　溶解乙炔气瓶事故案例

案例一

（一）事故发生时间及地点

2017 年 4 月 17 日上午 9 点半，江苏无锡新吴区一气瓶公司乙炔钢瓶爆炸，引燃近百个钢瓶。

（二）事故概况

2017 年 4 月 17 日上午 9 点半，无锡市新吴区后宅镇一气体公司厂房内乙炔钢瓶灌装点发生爆炸，大火瞬间蔓延到周围，起火点处近百个乙炔钢瓶被迅速引燃，现场火光冲天，灌装点上部的顶棚也因受到冲击发生部分坍塌，公司内的主体厂房有明显的事故痕迹，玻璃幕墙上的玻璃大面积破碎。另有大量钢瓶靠近火源尚未被殃及。

无锡消防的13辆消防车赶赴现场。过火面积约100平方米，历时2小时的紧急处置才控制火势，由于疏散及时未造成人员伤亡。

图 4-4　江苏无锡新吴区气瓶公司

（三）事故分析

造成事故主要原因是因为乙炔钢瓶未能直立使用。

(1) 乙炔瓶装有填料和溶剂（丙酮），卧放使用时，丙酮易随乙炔气流出，不仅增加丙酮的消耗量，还会降低燃烧温度而影响使用，同时会产生回火而引发乙炔瓶爆炸事故。

(2) 乙炔瓶卧放时，易滚动，瓶与瓶、瓶与其他物体易受到撞击，形成激发能源，导致乙炔瓶事故的发生。

(3) 乙炔瓶配有防震胶圈，其目的是防止在装卸、运输、使用中相互碰撞。胶圈是绝缘材料，卧放即等于乙炔瓶放在电绝缘体上，致使气瓶上产生的静电不能向大地扩散，聚集在瓶体上，易产生静电火花，当有乙炔气泄漏时，极易造成燃烧和爆炸事故。

(4) 使用时乙炔瓶瓶阀上装有减压器、阻火器、连接有胶管，因卧放易滚动，滚动时易损坏减压器、阻火器或拉脱胶管，造成乙炔气向外泄放，导致燃烧爆炸。

4.2.5　车用气瓶事故案例

案例一

（一）事故发生时间地点

2012年11月3日河北省衡水市××车用气销售有限公司液化石油气钢瓶爆炸事故。

（二）事故概况

2012年11月3日，河北省衡水市××车用气销售有限公司发生一起氧气瓶爆炸事故，造成1人死亡，3人轻伤。事发时，一辆现代索纳塔轿车到××车用气销售有限公司加注天然气，车主未提供车辆燃气充装许可证，并再三要求加气员充装天然气。在加气过程中，一只车载液化石油气钢瓶发生爆炸。索纳塔轿车（出厂日期为 2002 年 12 月 1 日，燃料种类为液化天然气）被炸毁。

（三）事故原因分析

（1）直接原因。事故汽车使用的是液化石油气燃料。加气员在没有分清燃料品种的情况下，错误地加注天然气，导致该车载的液化石油气钢瓶严重超压发生爆炸。

（2）间接原因。安全生产管理、培训工作严重不到位，职工违规、违章操作。××车用气销售有限公司没有教育员工如何区分液化石油气储气瓶和天然气储气瓶，也没有培训不能给液化石油气瓶充装天然气。

（四）预防同类事故的措施

（1）汽车加气站应制定气瓶充装前、后检验操作规程和加气员标准化操作规程，并严格执行，确保不错装、不超装、不混装和充装质量的可追踪检查。

（2）汽车加气站应对充装人员进行有关气体性质、气瓶的基本知识、潜在危险和应急处理措施等内容的培训。

4.3　气瓶事故调查

一旦气瓶发生事故，将给人身安全和社会财产带来重大损失，防止事故发生是最根本的要求，事前预防是防止事故发生的有效措施，事后处理是将事故造成的损失降低到最低程度。

根据《特种设备安全监察条例》规定，特种设备事故按照造成的人员伤亡、财产损失、社会影响等后果，分为特别重大、重大、较大、一般等四个等级：

有下列情形之一的为特别重大事故：

（1）特种设备事故造成 30 人以上死亡，或者 100 人以上重伤（包括急性工业中毒，下同），或者 1 亿元以上直接经济损失的；

（2）600 兆瓦以上锅炉爆炸的；

（3）压力容器、压力管道有毒介质泄漏，造成 15 万人以上转移的；

（4）客运索道、大型游乐设施高空滞留 100 人以上并且时间在 48 小时以上的。

有下列情形之一的，为重大事故：

（1）特种设备事故造成 10 人以上 30 人以下死亡，或者 50 人以上 100 人以下重伤，或者 5 000 万元以上 1 亿元以下直接经济损失的；

（2）600 兆瓦以上锅炉因安全故障中断运行 240 小时以上的；

（3）压力容器、压力管道有毒介质泄漏，造成 5 万人以上 15 万人以下转移的；

（4）客运索道、大型游乐设施高空滞留 100 人以上并且时间在 24 小时以上 48 小时以下的。

有下列情形之一的，为较大事故：

(1) 特种设备事故造成 3 人以上 10 人以下死亡，或者 10 人以上 50 人以下重伤，或者 1 000 万元以上 5 000 万元以下直接经济损失的；

(2) 锅炉、压力容器、压力管道爆炸的；

(3) 压力容器、压力管道有毒介质泄漏，造成 1 万人以上 5 万人以下转移的；

(4) 起重机械整体倾覆的；

(5) 客运索道、大型游乐设施高空滞留人员 12 小时以上的。

有下列情形之一的，为一般事故：

(1) 特种设备事故造成 3 人以下死亡，或者 10 人以下重伤，或者 1 万元以上 1 000 万元以下直接经济损失的；

(2) 压力容器、压力管道有毒介质泄漏，造成 500 人以上 1 万人以下转移的；

(3) 电梯轿厢滞留人员 2 小时以上的；

(4) 起重机械主要受力结构件折断或者起升机构坠落的；

(5) 客运索道高空滞留人员 3.5 小时以上 12 小时以下的；

(6) 大型游乐设施高空滞留人员 1 小时以上 12 小时以下的。

根据《特种设备事故调查报告和调查处理规定》，下列情形不属于特种设备事故：

(1) 因自然灾害、战争等不可抗力引发的；

(2) 通过人为破坏或者利用特种设备等方式实施违法犯罪活动或者自杀的；

(3) 特种设备作业人员、检验检测人员因劳动保护措施缺失或者保护不当而发生坠落、中毒、窒息等情形的。

4.3.1 事故调查组组成

一旦发生事故，事故现场有关人员应当立即向事故发生单位负责人报告；事故发生单位的负责人接到报告后，应当于 1 小时内向事故发生地的县级以上特种设备监督管理部门和有关部门报告。

情况紧急时，事故现场有关人员可以直接向事故发生地的县以上特种设备监督管理部门报告。

接到事故报告的特种设备监督管理部门，应当尽快核实有关情况，依照《特种设备安全监察条例》的规定，立即向本级人民政府报告，并逐级报告上级市场监督管理部门直至国家市场监督总局。市场监督管理部门每级上报的时间不得超过 2 小时。必要时，可以越级上报事故情况。对于特别重大事故、重大事故，由国家市场监督总局报告国务院并通报国务院安全生产监督管理等有关部门。对较大事故、一般事故，由接到事故报告的市场监督管理部门及时通报同级有关部门。

对事故发生地与事故发生单位所在地不在同一行政区域的，事故发生地市场监督管理部门应当及时通知事故发生单位所在地市场监督管理部门。事故发生单位所在地市场监督管理部门应当做好事故调查处理的相关配合工作。

依照《特种设备安全监察条例》的规定，特种设备事故分别由以下部门组织调查：

(1) 特别重大事故由国务院或者国务院授权的部门组织事故调查组进行调查；

(2) 重大事故由国家市场监督管理总局会同有关部门组织事故调查组进行调查；

(3) 较大事故由事故发生地省级市场监督管理部门会同省级有关部门组织事故调查组进行调查；

(4) 一般事故由事故发生地设区的市级市场监督管理部门会同市级有关部门组织事故调查组进行调查。

根据事故调查处理工作的需要，负责组织事故调查的市场监督管理部门可以依法提请事故发生地人民政府及有关部门派员参加事故调查。

负责组织事故调查的市场监督管理部门应当将事故调查组的组成情况及时报告本级人民政府。

根据事故发生情况，上级市场监督管理部门可以派员指导下级市场监督管理部门开展事故调查处理工作。

自事故发生之日起 30 日内，因伤亡人数变化导致事故等级发生变化的，依照规定应当由上级市场监督管理部门组织调查的，上级市场监督管理部门可以会同本级有关部门组织事故调查组进行调查，也可以派员指导下级部门继续进行事故调查。

事故调查组成员应当具有特种设备事故调查所需要的知识和专长，与事故发生单位及相关人员不存在任何利害关系。事故调查组组长由负责事故调查的市场监督管理部门负责人担任。

必要时，事故调查组可以聘请有关专家参与事故调查；所聘请的专家应当具备 5 年以上特种设备安全监督管理、生产、检验检测或者科研教学工作经验。设区的市级以上市场监督管理部门可以根据事故调查的需要，组建特种设备事故调查专家库。

根据事故的具体情况，事故调查组可以内设管理组、技术组、综合组，分别承担管理原因调查、技术原因调查、综合协调等工作。

事故调查组应当履行下列职责：

(1) 查清事故发生前的特种设备状况；

(2) 查明事故经过、人员伤亡、特种设备损坏、经济损失情况以及其他后果；

(3) 分析事故原因；

(4) 认定事故性质和事故责任；

(5) 提出对事故责任者的处理建议；

(6) 提出防范事故发生和整改措施的建议；

(7) 提交事故调查报告。

4.3.2　事故调查分析

由于各类气瓶的使用环境比较复杂，频繁加压、卸压，充装条件存在很多欠缺，特别是有些充装单位不能按照气瓶的充装规定进行充装，气瓶错装、混装、超装和盲目充装不合格或报废气瓶的现象屡禁不止，致使气瓶爆炸事故时有发生。

发生特种设备事故后，事故发生单位及其人员在抢救人员、采取应急处理措施，防止事故蔓延的同时，应当妥善保护现场的爆炸气瓶残骸、被破坏的设备、管道等物品及燃烧物等及相关证据，及时收集、整理有关资料，为事故调查做好准备；必要时，应当对设备、场地、资料进行封存，由专人看管。

气瓶爆炸事故的现场保护是认定事故原因的关键，往往由于事故现场被破坏，不能取得完整的物证使事故调查久拖不决。但如果因抢救人员、防止事故扩大以及疏通交通等原因，需要移动事故现场物件的，负责移动的单位或者相关人员应当做出标志，绘制现场简图并做出书面记录，妥善保存现场重要痕迹、物证。有条件的，应当现场制作视听资料。

事故调查期间，现场保护是调查认定事故原因的关键，任何单位和个人不得擅自移动事故相关设备，不得毁灭相关资料、伪造或者故意破坏事故现场。

事故现场勘查，专业技术性较强，应由特种设备安全监察人员、公安消防部门技术人员、应急管理部门监察人员、气瓶安全技术专家联合进行。

4.3.3　事故调查分析报告及法律责任

经过事故调查分析后，事故调查组应形成完整的事故调查报告，该报告应当包括以下内容：

(1) 事故发生单位情况；

(2) 事故发生经过和事故救援情况；

(3) 事故造成的人员伤亡、设备损坏程度和直接经济损失；

(4) 事故发生的原因和事故性质；

(5) 事故责任的认定以及对事故责任者的处理建议；

(6) 事故防范和整改措施；

(7) 有关证据材料。

事故调查报告应当经事故调查组全体成员签字。事故调查组成员有不同意见的，可以提交个人签名的书面材料，附在事故调查报告内。

根据《特种设备事故调查报告和调查处理规定》，发生特种设备特别重大事故，依照《生产安全事故报告和调查处理条例》的有关规定实施行政处罚和处分；构成犯罪的，依法追究刑事责任。

发生特种设备重大事故及其以下等级事故的，依照《特种设备安全监察条例》的有关规定实施行政处罚和处分；构成犯罪的，依法追究刑事责任。

发生特种设备事故，有下列行为之一，构成犯罪的，依法追究刑事责任；构成有关法律法规规定的违法行为的，依法予以行政处罚；未构成有关法律法规规定的违法行为的，由市场监督管理部门等处以 4 000 元以上 2 万元以下的罚款：

(1)伪造或者故意破坏事故现场的；

(2)拒绝接受调查或者拒绝提供有关情况或者资料的；

(3)阻挠、干涉特种设备事故报告和调查处理工作的。

第5章　气瓶相关规程标准

5.1　特种设备安全法(节选)

中华人民共和国主席令

第4号

《中华人民共和国特种设备安全法》已由中华人民共和国第十二届全国人民代表大会常务委员会第三次会议于2013年6月29日通过，现予公布，自2014年1月1日起施行。

中华人民共和国主席习近平

2013年6月29日

第一章　总　则

第二条　特种设备的生产(包括设计、制造、安装、改造、修理)、经营、使用、检验、检测和特种设备安全的监督管理，适用本法。

本法所称特种设备，是指对人身和财产安全有较大危险性的锅炉、压力容器(含气瓶)、压力管道、电梯、起重机械、客运索道、大型游乐设施、场(厂)内专用机动车辆，以及法律、行政法规规定适用本法的其他特种设备。

国家对特种设备实行目录管理。特种设备目录由国务院负责特种设备安全监督管理的部门制定，报国务院批准后执行。

第二章　生产、经营、使用

第十三条　特种设备生产、经营、使用单位及其主要负责人对其生产、经营、使用的特种设备安全负责。

特种设备生产、经营、使用单位应当按照国家有关规定配备特种设备安全管理人员、检测人员和作业人员，并对其进行必要的安全教育和技能培训。

第十四条　特种设备安全管理人员、检测人员和作业人员应当按照国家有关规定取得相应资格，方可从事相关工作。特种设备安全管理人员、检测人员和作业人员应当严格执行安全技术规范和管理制度，保证特种设备安全。

第十五条　特种设备生产、经营、使用单位对其生产、经营、使用的特种设备应当进行自行检测和维护保养，对国家规定实行检验的特种设备应当及时申报并接受检验。

第二十条　锅炉、气瓶、氧舱、客运索道、大型游乐设施的设计文件，应当经负责特种设备安全监督管理的部门核准的检验机构鉴定，方可用于制造。

第三十三条　特种设备使用单位应当在特种设备投入使用前或者投入使用后三十日内，向负责特种设备安全监督管理的部门办理使用登记，取得使用登记证书。登记标志应当置于该特种设备的显著位置。

第三十四条　特种设备使用单位应当建立岗位责任、隐患治理、应急救援等安全管理制度，制定操作规程，保证特种设备安全运行。

第三十五条　特种设备使用单位应当建立特种设备安全技术档案。安全技术档案应当包括以下内容：

（一）特种设备的设计文件、产品质量合格证明、安装及使用维护保养说明、监督检验证明等相关技术资料和文件；

（二）特种设备的定期检验和定期自行检查记录；

（三）特种设备的日常使用状况记录；

（四）特种设备及其附属仪器仪表的维护保养记录；

（五）特种设备的运行故障和事故记录。

第三十九条　特种设备使用单位应当对其使用的特种设备进行经常性维护保养和定期自行检查，并作出记录。

特种设备使用单位应当对其使用的特种设备的安全附件、安全保护装置进行定期校验、检修，并作出记录。

第四十条　特种设备使用单位应当按照安全技术规范的要求，在检验合格有效期届满前一个月向特种设备检验机构提出定期检验要求。

特种设备检验机构接到定期检验要求后，应当按照安全技术规范的要求及时进行安全性能检验。特种设备使用单位应当将定期检验标志置于该特种设备的显著位置。

未经定期检验或者检验不合格的特种设备，不得继续使用。

第四十一条　特种设备安全管理人员应当对特种设备使用状况进行经常性检查，发现问题应当立即处理；情况紧急时，可以决定停止使用特种设备并及时报告本单位有关负责人。

特种设备作业人员在作业过程中发现事故隐患或者其他不安全因素，应当立即向特种设备安全管理人员和单位有关负责人报告；特种设备运行不正常时，特种设备作业人员应当按照操作规程采取有效措施保证安全。

第四十二条　特种设备出现故障或者发生异常情况，特种设备使用单位应当对其进行全面检查，消除事故隐患，方可继续使用。

第四十八条　特种设备存在严重事故隐患，无改造、修理价值，或者达到安全技术规范规定的其他报废条件的，特种设备使用单位应当依法履行报废义务，采取必要措施消除该特种设备的使用功能，并向原登记的负责特种设备安全监督管理的部门办理使用登记证书注销手续。

前款规定报废条件以外的特种设备，达到设计使用年限可以继续使用的，应当按照安全技术规范的要求通过检验或者安全评估，并办理使用登记证书变更，方可继续使用。允许继续使用的，应当采取加强检验、检测和维护保养等措施，确保使用安全。

第四十九条　移动式压力容器、气瓶充装单位，应当具备下列条件，并经负责特种设备安全监督管理的部门许可，方可从事充装活动：

（一）有与充装和管理相适应的管理人员和技术人员；

（二）有与充装和管理相适应的充装设备、检测手段、场地厂房、器具、安全设施；

（三）有健全的充装管理制度、责任制度、处理措施。

充装单位应当建立充装前后的检查、记录制度，禁止对不符合安全技术规范要求的移动式压力容器和气瓶进行充装。

气瓶充装单位应当向气体使用者提供符合安全技术规范要求的气瓶，对气体使用者进行气瓶安全使用指导，并按照安全技术规范的要求办理气瓶使用登记，及时申报定期检验。

第六章　法律责任

第八十三条　违反本法规定，特种设备使用单位有下列行为之一的，责令限期改正；逾期未改正的，责令停止使用有关特种设备，处一万元以上十万元以下罚款：

（一）使用特种设备未按照规定办理使用登记的；

（二）未建立特种设备安全技术档案或者安全技术档案不符合规定要求，或者未依法设置使用登记标志、定期检验标志的；

（三）未对其使用的特种设备进行经常性维护保养和定期自行检查，或者未对其使用的特种设备的安全附件、安全保护装置进行定期校验、检修，并作出记录的；

（四）未按照安全技术规范的要求及时申报并接受检验的；

（五）未按照安全技术规范的要求进行锅炉水（介）质处理的；

（六）未制定特种设备事故应急专项预案的。

第八十四条　违反本法规定，特种设备使用单位有下列行为之一的，责令停止使用有关特种设备，处三万元以上三十万元以下罚款：

（一）使用未取得许可生产，未经检验或者检验不合格的特种设备，或者国家明令淘汰、已经报废的特种设备的；

（二）特种设备出现故障或者发生异常情况，未对其进行全面检查、消除事故隐患，继续使用的；

（三）特种设备存在严重事故隐患，无改造、修理价值，或者达到安全技术规范规定的其他报废条件，未依法履行报废义务，并办理使用登记证书注销手续的。

第八十五条　违反本法规定，移动式压力容器、气瓶充装单位有下列行为之一的，责令改正，处二万元以上二十万元以下罚款；情节严重的，吊销充装许可证：

（一）未按照规定实施充装前后的检查、记录制度的；

（二）对不符合安全技术规范要求的移动式压力容器和气瓶进行充装的。

违反本法规定，未经许可，擅自从事移动式压力容器或者气瓶充装活动的，予以取缔，没收违法充装的气瓶，处十万元以上五十万元以下罚款；有违法所得的，没收违法所得。

第八十六条　违反本法规定，特种设备生产、经营、使用单位有下列情形之一的，责令限期改正；逾期未改正的，责令停止使用有关特种设备或者停产停业整顿，处一万元以上五万元以下罚款：

（一）未配备具有相应资格的特种设备安全管理人员、检测人员和作业人员的；

（二）使用未取得相应资格的人员从事特种设备安全管理、检测和作业的；

（三）未对特种设备安全管理人员、检测人员和作业人员进行安全教育和技能培训的。

5.2 《特种设备生产和充装许可规则》TSG 07—2019(节选)

1 总则

1.1 目的和依据

为了规范特种设备生产（设计、制造、安装、改造、修理）和充装单位许可工作，根据《中华人民共和国特种设备安全法》《中华人民共和国行政许可法》《特种设备 安全监察条例》等有关法律、法规，制定本规则。

1.2 适用范围

在中华人民共和国境内使用的特种设备，其设计、制造、安装、改造、修理、充装单位的许可，适用本规则。

1.3 许可实施主体

实施特种设备生产和充装单位许可的部门为国家市场监督管理总局和省级人民政

府负责特种设备安全监督管理的部门(国家市场监督管理总局以下简称市场监管总局,省级人民政府负责特种设备安全监督管理的部门以下简称省级特种设备安全监管部门,市场监管总局和省级特种设备安全监管部门以下统称发证机关)。

1.4　许可目录

特种设备生产和充装单位的许可类别、许可项目和子项目、许可参数和级别(以下统称许可范围)以及发证机关,按照市场监管总局发布的《特种设备生产单位许可目录》执行;许可项目和子项目中的设备种类、类别和品种按照《特种设备目录》执行。

1.5　许可证书及有效期

特种设备许可证书包括《中华人民共和国特种设备生产许可证》和《中华人民共和国移动式压力容器(气瓶)充装许可证》(以下简称许可证,样式见附件 A),其有效期均为 4 年。

2　许可条件

2.1　一般要求

申请特种设备生产和充装许可的单位(以下简称申请单位),应当具有法定资质,具有与许可范围相适应的资源条件,建立并且有效实施与许可范围相适应的质量保证体系、安全管理制度等,具备保障特种设备安全性能的技术能力。

2.1.1　资源条件

申请单位应当具有以下与许可范围相适应,并且满足生产需要的资源条件:

(1)人员,包括管理人员、技术人员、检测人员、作业人员等;

(2)工作场所,包括场地、厂房、办公场所、仓库等;

(3)设备设施,包括生产(充装)设备、工艺装备、检测仪器、试验装置等;

(4)技术资料,包括设计文件、工艺文件、施工方案、检验规程等;

(5)法规标准,包括法律、法规、规章、安全技术规范及相关标准。

具体资源条件和要求,分别见本规则附件 B 至附件 L。

2.1.2　质量保证体系

申请单位应当按照本规则的要求,建立与许可范围相适应的质量保证体系,并且保持有效实施;其中,特种设备制造、安装、改造、修理单位的质量保证体系应当符合本规则附件 M《特种设备生产单位质量保证体系基本要求》,压力容器和压力管道设计单位的质量保证体系应当符合本规则 C1.4 条、E1.4 条的要求,移动式压力容器和气瓶充装单位的质量保证体系应当符合本规则 C3.7 条、D2.7 条的要求。

2.1.3　保障特种设备安全性能和充装安全的技术能力

申请单位应当具备保障特种设备安全性能和充装安全的技术能力,按照特种设备安全技术规范及相关标准要求进行产品设计、制造、安装、改造、修理、充装活动。

2.2 资源条件的通用要求

2.2.1 人员

资源条件中的技术人员应当具有理工类专业教育背景，取得相关专业技术职称并且具有相关工作经验。资源条件中的安全管理人员、检测人员、作业人员，纳入特种设备人员行政许可的，应当取得相应的特种设备人员资格证。资源条件中对人员有工程技术职称要求的，如果人员无相应工程技术职称，则需要具有相应的学历和技术工作年限，学历应当为理工类专业。工程技术职称与学历和技术工作年限比照见表5－1所示。

表5－1 工程技术职称与学历和技术工作年限比照①

工程技术职称	学历与技术工作年限			
	博士毕业生	硕士毕业生	大学本科毕业生	大专毕业生
高级工程师	工作4年以上	工作10年以上	工作13年以上	工作15年以上
工程师	工作1年以上	工作4年以上	工作7年以上	工作9年以上
助理工程师	—	工作1年以上	工作2年以上	工作3年以上

注：①技术工作是指与相应特种设备生产、充装、检验、检测、使用管理等有关的技术方面的工作。高级技师和技师可以分别相当于工程师和助理工程师；中专毕业生的技术工作年限要求可以参照大专毕业生。

2.2.2 工作场所和设备设施租赁

2.2.2.1 工作场所

生产和充装单位的场地、厂房、办公场所、仓库允许承租。工作场所承租的，租赁双方应当签订租赁合同，其租赁期限应当覆盖申请许可证的有效期，并且能够提供出租方的土地使用证明、房产证或者土地管理部门出具的其他有效证明。

2.2.2.2 设备设施

生产和充装单位资源条件要求的生产（充装）设备（厂房附属的起重设备除外）、工艺装备、检测仪器、试验装置等一般不允许承租，本规则附件B至附件L另有规定的，从其规定。

2.2.3 工作外委（分包）

（1）设计、材料预处理、热处理、无损检测和理化检验等工作的外委，应当符合本规则附件B至附件L的要求；

（2）允许外委的，受委托单位应当具有相应能力，无损检测、压力容器和压力管道设计应当外委给取得特种设备相应资质的单位（机构），但是不得外委给对本单位实施监督检验、型式试验的检验机构；委托单位应当与受委托单位签订合同（协议），确定外委的具体项目和详细要求；外委工作的质量控制由委托单位负责，纳入其质量保证体系的控制范围；

（3）工作外委的，与外委工作直接相关的人员和设备资源条件不做要求，本规则附件

B 至附件 L 另有规定的，从其规定；委托单位应当配备相应的质量控制系统责任人员（有质量控制系统要求的）。

2.2.4　条件共享

2.2.4.1　同一单位

（1）同一申请单位申请不同许可项目的，本规则附件 B 至附件 L 规定的相应许可条件允许共享；

（2）同一申请单位的多处制造地址②共同完成同一许可子项目产品的，其各处制造地址资源条件之和应当满足本规则附件 B 至附近 L 规定的许可条件（本规则附件 B 至附件 L 另有规定的，从其规定），并且建立统一的质量保证体系。

注：②多处制造地址应当符合本规则 3.2.2 条的规定。

2.2.4.2　公司和子公司（公司和分公司）

（1）公司申请许可时，经其子公司同意，子公司可以作为制造地址在许可证中载明，但其子公司不得再单独申请许可，本规则附件 B 至附近 L 规定的许可条件允许共享；公司和其子公司分别申请许可的，本规则附件 B 至附件 L 规定的许可条件不允许共享；

（2）公司和其分公司从事相应许可活动，可以以公司的名义申请许可，也可以分别单独申请许可；以分公司名义申请许可的，分公司应当取得其公司法人授权；公司申请许可，其分公司作为资源条件的，则分公司地址应当在许可证中载明，本规则附件 B 至附件 L 规定的许可条件允许共享；公司和其分公司分别申请许可的，本规则附件 B 至附件 L 规定的许可条件不允许共享；

（3）本条（1）（2）项所述情形，涉及多处制造地址的，还应当满足本规则 2.2.4.1（2）项的要求。

3　许可程序和要求

3.1　许可程序

许可程序包括申请、受理、鉴定评审、审查与发证。

3.2　申请

3.2.1　一般要求

申请采用网上填报的方式。申请单位应当填写并且提交《特种设备生产和充装许可申请书》（以下简称申请书），并且附以下扫描资料（无需提供原件），向相应的发证机关提出申请：

（1）申请单位营业执照（无法在线核验时）；

（2）申请书中的“申请许可项目表”，经申请单位法定代表人（主要负责人）签字，并且加盖单位公章；

（3）原许可证（仅申请增项、改变许可级别或者换证，并且无法在线核验时）；

(4) 公司法人书面授权文件(分公司单独申请的)。因特殊情况不能实施网上申请的,可以提交书面申请(申请书一式三份),并且附前款资料(复印件加盖单位公章、各一份)。

3.2.2 多地址申请要求

由省级特种设备安全监管部门实施许可的,申请单位的住所与制造地址或者其多处制造地址不在同一省(自治区、直辖市)内的,应当分别向其制造地址所在地的省级特种设备安全监管部门申请。

3.3 受理

3.3.1 予以受理

发证机关收到申请资料后,对于资料齐全、符合法定型式的,应当在5个工作日内予以受理,出具电子(或者书面)型式的《特种设备行政许可受理决定书》(以下简称受理决定书)。受理决定书应当注明委托的鉴定评审机构[③]名称和联系方式。发证机关应当在发出受理决定书的同时将相关受理信息通知委托的鉴定评审机构。

注:③鉴定评审机构为发证机关依据国家有关规定,委托其从事鉴定评审工作的技术机构或者社会组织。

3.3.2 补正

发证机关收到申请资料后,对于申请资料不齐全或者不符合法定型式的,应当在5个工作日内一次性告知申请单位需要补正的全部内容,并且出具《特种设备行政许可申请资料补正告知书》(以下简称补正告知书)。

3.3.3 不予受理

发证机关收到申请资料后,凡有下列情形之一的,应当在5个工作日内向申请单位发出《特种设备行政许可不予受理决定书》(以下简称不予受理决定书):

(1) 申请项目不属于特种设备许可范围的;

(2) 隐瞒有关情况或者提供虚假申请资料被发现的;

(3) 被依法吊(撤)销许可证,并且自吊(撤)销许可证之日起不满3年的。

3.3.4 申请信息变更

申请单位的申请已经受理,在鉴定评审之前,生产单位变更单位名称、住所、制造地址、办公地址、许可子项目,或者充装单位变更单位名称、住所、充装地址、设备品种、充装介质类别的,应当重新提出申请,或者由原发证(受理)机关出具变更的受理决定书。

3.4 鉴定评审

3.4.1 一般要求

(1) 申请单位在首次申请取证、申请增项(增加制造地址除外)或者申请提高许可参数级别时,应当在鉴定评审前,按照本规则附件B至附近L的要求,准备试设计文件,试制造、试安装[④]的样机(样品),样机(样品)应当经自检合格,资料齐全;

(2) 鉴定评审机构接到发证机关委托后,应当在10个工作日内与申请单位商定鉴定评审日期，并且将评审日期、评审程序和要求书面告知申请单位；鉴定评审机构应当在评审日期内派出鉴定评审组实施现场鉴定评审，鉴定评审机构因故无法按时限完成鉴定评审工作的，应当向发证机关报告；

(3) 申请单位应当在鉴定评审前将申请书以及质量保证手册(可以是电子文档)提交给鉴定评审机构。

注④：允许在使用现场进行试安装的，安装单位应当在试安装前凭受理决定书向施工所在地特种设备安全监管部门办理安装告知。接受试安装告知的部门应当将受理决定书收回存档，凭受理决定书只能进行一次试安装。

3.4.2　现场鉴定评审工作程序和要求

(1) 现场鉴定评审工作程序，一般包括首次会议、现场巡视、分组审查、情况汇总、交换意见、总结会议等；

(2) 现场鉴定评审工作中，发现申请单位的实际资源条件或者产品不能满足已受理许可范围的相应要求的，经申请单位书面申请、鉴定评审组确认后，可以按照减少许可子项目或者降低许可级别后的范围进行鉴定评审，并且在鉴定评审报告中说明；现场鉴定评审时，申请单位提出增加许可子项目、提高许可参数级别或者其他情形使发证机关改变的，应当按照本规则 3.2 条的要求重新申请；

(3) 现场鉴定评审工作结束时，鉴定评审组应当将发现的问题向申请单位通报；现场不能完成整改的，双方应当签署《特种设备鉴定评审工作备忘录》(以下简称备忘录)，鉴定评审组在备忘录中提出整改要求，整改时间不得超过 6 个月；

(4) 鉴定评审组应当将鉴定评审情况作出记录。

3.4.3　鉴定评审结论和报告

鉴定评审结论意见按照以下要求分为“符合条件”“整改后符合条件”“不符合条件”：

(1) 全部满足许可条件，鉴定评审结论意见为“符合条件”；

(2) 整改后全部满足许可条件，鉴定评审结论意见为“整改后符合条件”；

(3) 除本款(1)(2)项外，鉴定评审结论意见为“不符合条件”。

鉴定评审机构应当按照委托规定，及时出具并向发证机关提交鉴定评审报告。

鉴定评审工作(含整改时间)应当自受理决定书签发之日起 1 年内完成。

3.5　审查与发证

发证机关在收到鉴定评审机构上报的鉴定评审报告和相关资料后，应当在 20 个工作日内，对鉴定评审报告和相关资料进行审查，符合发证条件的，向申请单位颁发相应许可证；不符合发证条件的，向申请单位发出《特种设备不予行政许可决定书》(以下简称不予许可决定书)。

许可证中应当载明以下信息：

(1)《中华人民共和国特种设备生产许可证》，载明许可证编号，单位名称、住所、办公地址、制造地址，许可项目、许可子项目、许可参数，发证机关、发证日期及有效期等；

(2)《中华人民共和国移动式压力容器(气瓶)充装许可证》，载明许可证编号，单位名称、住所、充装地址，设备品种、充装介质类别、充装介质名称，发证机关、发证日期及有效期等。

3.6 许可证增项、变更与延续

3.6.1 许可证增项

3.6.1.1 增项含义

许可证增项是指在许可证有效期内，持证单位发生下列情形之一的：

(1) 增加制造地址或者许可子项目(含改变产品限制范围)；

(2) 增加充装地址、设备品种或者充装介质类别。

3.6.1.2 增项程序和要求

(1) 持证单位需要增项的，应当向发证机关提出许可增项申请；增项程序和要求按照本规则 3.2 至 3.5 条的规定办理；

(2) 只改变产品限制范围的，由发证机关确定是否需要进行鉴定评审；

(3) 只增加制造地址的，不需要准备试制造样机(样品)，鉴定评审时重点对资源条件进行核查，并且对质量保证体系覆盖情况进行确认；

(4) 许可证增项后，发证机关换发新许可证，其有效期按照原许可证执行，原许可证由原发证机关收回。

3.6.2 许可证变更

3.6.2.1 变更含义

许可证变更是指在许可证有效期内，持证单位发生下列情形之一的：

(1) 单位名称改变；

(2) 住所、制造地址、办公地址、充装地址的名称改变(以下统称地址更名)；

(3) 住所、制造地址、办公地址、充装地址搬迁(以下统称地址搬迁)；

(4) 多制造地址(充装地址)中一个或者多个制造地址(充装地址)注销(以下简称制造或者充装地址注销)；

(5) 许可级别改变；

(6) 其他需要变更的情形。

3.6.2.2 单位名称改变和地址更名

持证单位改变单位名称或者地址更名，应当在变更后 30 个工作日内向原发证机关提出变更许可证申请，并且提交以下资料：

(1)《特种设备许可证变更申请表》(以下简称许可证变更申请表)；

(2) 原许可证(原件，无法在线核验时)；

(3) 变更前后的营业执照和变更核准材料(无法在线核验时)。

发证机关应当自收到变更申请资料之日起 20 个工作日内做出是否准予变更的决

定；准予变更的，换发新许可证，并且收回原许可证；不予变更的，书面告知申请单位并且说明理由。

3.6.2.3　地址搬迁

(1) 持证单位地址搬迁后，应当按照本规则 3.6.2.2 条的要求，向原发证机关提出变更许可证申请，提交相关资料，办理变更手续；制造地址或者充装地址搬迁的，还应当进行鉴定评审，但是不需要准备试制造样机(样品)，鉴定评审时重点对资源条件进行核查，并且对质量保证体系覆盖情况进行确认；

(2) 由省级特种设备安全监管部门实施许可的，持证单位地址搬迁后不在原发证机关辖区内的，应当向原发证机关办理许可证注销手续，并且向新地址所在辖区的发证机关提出许可申请，相关许可程序和要求按照本规则 3.2 至 3.5 条的规定办理。

3.6.2.4　制造或者充装地址注销

制造或者充装地址注销的，应当按照本规则 3.6.2.2 条的要求，向原发证机关提出变更许可证申请，提交相关资料，办理变更手续；发证机关认为有必要进行鉴定评审的，还应当进行鉴定评审。

3.6.2.5　许可级别改变

持证单位需要改变许可子项目中的级别时，应当向相应发证机关提出申请，相关许可程序和要求⑤按照本规则 3.2 至 3.5 条的规定办理。

注：⑤对于提高许可参数级别外的其他许可级别改变情形，发证机关根据许可级别变化情况决定是否需要鉴定评审。

3.6.2.6　新许可证许可范围和有效期

许可证变更后，新许可证的许可范围和有效期按照原许可证执行，但对于本规则 3.6.2.3 条(2)项和 3.6.2.5 条规定的情形，新许可证有效期按照许可证签发之日起计算。原许可证由原发证机关收回。

3.6.3　许可证延续

3.6.3.1　一般要求

(1) 持证单位在其许可证有效期届满后，需要继续从事相应活动的，应当在其许可证有效期届满的 6 个月以前(并且不超过 12 个月)，向发证机关提出许可证延续(本规则称为换证)申请；未及时提出申请的，应当在换证申请时书面说明理由；

(2) 换证程序和要求按照本规则 3.2 至 3.5 条及相应附件的有关规定办理；持证期间生产业绩满足本规则要求的，不需要提供样机(样品)。

3.6.3.2　自我声明承诺换证

换证前一个许可周期内未发生与特种设备相关的行政处罚、责任事故、设备安全性能问题和质量投诉未结案等情况，并且具有本规则附件 B 至附近 L 规定的相应生产业绩⑥的持证单位，在其许可证有效期届满前，可以通过提交持续满足许可要求的自我声明承诺书等资料，向发证机关申请免鉴定评审直接换证。

自我声明承诺书应当至少包括以下内容：

(1) 申请单位的资源条件、生产业绩、产品安全性能状况等，能够持续满足许可范围的相应许可条件要求；

(2) 申请单位的质量保证体系能够持续有效实施；

(3) 申请单位前一个许可周期内未发生与特种设备相关的行政处罚、责任事故、设备安全性能问题和质量投诉未结案等情况。

持证单位不得连续两次申请自我声明承诺换证。

注⑥：计入生产业绩产品的参数应当在《特种设备生产单位许可目录》中相应许可子项目的参数范围内。

3.6.3.3　许可证有效期

(1) 许可证有效期届满前完成换证的，其换证后的许可证有效期从原许可证有效期到期之日起计算；

(2) 许可证有效期届满时未完成换证的，原许可证失效，申请单位不得从事相应生产、充装活动，其换证后的新许可证有效期按照许可证签发之日起计算。

3.6.3.4　延期换证

制造、充装单位在其许可证有效期届满前，因改制或者批准的制造、充装场地搬迁等需要延期换证的，应当提前6个月向发证机关提出延期换证申请，并且填报许可证变更申请表。

申请时应当将政府有关部门(或者上级机关)批准改制的文件或者批准搬迁的有关资料作为附件同时报送。

经批准后可以延期换证的，发证机关更换延长有效期限的许可证，延长的有效期不超过1年。延长期满前通过换证的，该单位换发的许可证有效期应当从4年中扣除延长期的时间。

3.7　许可证补发

3.7.1　补发申请

许可证遗失或者损坏需要补发的，应当向原发证机关提出补发许可证申请，并且提交以下资料：

(1)《特种设备许可证补发申请表》(以下简称许可证补发申请表)；

(2) 营业执照(无法在线核验时)。

3.7.2　补发决定

发证机关应当自收到申请之日起10个工作日内做出是否准予补发的决定。准予补发的，颁发新许可证，其证书编号和有效期不变；不予补发的，应当书面告知申请补发许可证的单位并且说明理由。

4　附则

4.1　许可证管理

（1）持证单位应当妥善保管许可证，不得涂改、倒卖、出租、出借许可证；

（2）许可证的吊（撤）销和注销以及相关行政处罚，按照国家有关法律、行政法规和规章的规定执行；公司与子（分）公司共同取得许可的，发生本项所述情形时，公司作为责任主体，子公司承担连带责任；

（3）申请单位提供虚假材料骗取许可的，为其提供协助的相关单位承担连带责任；

（4）采取自我声明承诺换证的生产单位，如果发现提交虚假材料，发证机关依法撤销其许可证。

4.2　有关文件样式

特种设备生产和充装单位的许可申请书、受理决定书、补正告知书、不予受理决定书、不予许可决定书、许可证变更申请表、许可证补发申请表等文件的样式，按照市场监管总局特种设备行政许可网页上公布的相关文件格式执行。

4.3　数值表述含义

本规则只给出固定的数值、技术职称要求或者无损检测资格要求的，为不少于该数值或者不低于该要求；有关数值和要求表述为“以上”“不少于”“不小于”的，均包括本数。

4.4　解释权限

本规则由市场监管总局负责解释。

4.5　施行日期

本规则自2019年6月1日起施行。

4.6　文件废止

以下文件和安全技术规范自本规则施行之日起废止：

（1）《锅炉压力容器制造许可条件》（国质检锅〔2003〕194号）；

（2）《机电类特种设备制造许可规则（试行）》（国质检锅〔2003〕174号）；

（3）《机电类特种设备安装改造维修许可规则（试行）》（国质检锅〔2003〕251号）；

（4）《锅炉安装改造单位监督管理规则》（TSG G3001—2004）；

（5）《压力容器安装改造维修许可规则》（TSG R3001—2006）；

（6）《气瓶充装许可规则》（TSG R4001—2006）；

（7）《压力管道元件制造许可规则》（TSG D2001—2006）；

（8）《特种设备制造、安装、改造、维修质量保证体系基本要求》（TSG Z0004—2007）；

（9）《特种设备制造、安装、改造、维修许可鉴定评审细则》（TSGZ0005—2007）；

（10）《压力容器压力管道设计许可规则》（TSG R1001—2008）；

（11）《压力管道安装许可规则》（TSG D3001—2009）；

（12）《移动式压力容器充装许可规则》（TSG R4002—2011）。

《安全阀安全技术监察规程》（TSG ZF001—2006）和《爆破片装置安全技术监察规

程》(TSGZF003—2011)中有关许可程序、条件和要求的内容,同时废止。

本规则施行之前发布的其他与特种设备生产和充装单位许可相关的通知、文件等,其要求与本规则不一致的,以本规则为准。

移动式压力容器(气瓶)充装许可证样式如图5-1所示。

中华人民共和国
移动式压力容器/气瓶充装许可证
Filling License of Transportable Pressure Vessel/Cylinder
People's Republic of China

编号:TS4211-***-2019

单位名称:***公司
住　　所:
充装地址:
1. ***街***号
2. ***街***号

经审查,获准从事以下品种和介质的移动式压力容器/气瓶充装:

设备品种	充装介质类别	充装介质名称	备注
气瓶	压缩气体	氢	地址1
气瓶	低压液化气体	液化石油气	地址2

发证机关:***市场监督管理局　　(发证机关公章)
有效期至:2023年6月30日　　发证日期:2019年6月30日

图5-1　移动式压力容器(气瓶)充装许可证样式

填写说明:

(1) 样式中,"移动式压力容器/气瓶"为只印制"移动式压力容器"或者"气瓶"。

(2) 设备品种,按照申请单位具体的充装对象分别填写"铁路罐车""汽车罐车""长管拖车""罐式集装箱""管束式集装箱""气瓶"。

(3) 充装介质类别,分别填写"压缩气体""高(低)压液化气体""冷冻液化气体""液体""溶解气体""混合气体"。

(4) 充装介质名称,填写申请充装的所有介质。

(5) 应当在备注中注明设备品种、充装介质所对应的充装地址序号。

(6) 样式的字体、颜色、规格等,同特种设备生产许可证。

《特种设备生产和充装单位许可规则》TSG07—2019
附件D　气瓶生产和充装单位许可条件

D2　气瓶充装许可条件

D2.1　基本条件

（1）充装单位应当取得相关部门（规划、消防部门）的批准（注D－7），在取得充装许可前，充装站不得对外营业；

（2）充装单位的场地、厂房、设备和充装工艺设施应当是具有资质的设计单位设计；

（3）建立健全的质量保证体系，制定适应充装工作需要的事故应急预案，并且能够有效实施；

（4）建立和使用气瓶充装质量追溯信息系统，具有自动采集、保存充装记录的信息化平台（仅限易燃有毒气体充装），采用信息化技术对气瓶充装过程进行管理；

（5）具备充装介质的储存能力，并且具有符合规定数量的由充装单位办理使用登记的气瓶（车用气瓶、非重复充装气瓶、呼吸用气瓶除外）（注D－8）；

（6）充装单位应当具备气瓶维护保养的能力和设施，负责对本单位办理使用登记的气瓶进行标志制作和维护保养。

注D－7：（1）新取证和搬迁的充装站应当具有当地政府或者有关部门出具的《规划许可证》，换证的充装站应当具有当地政府或者有关部门出具的《规划许可证》或者能证明其为合法经营的行政许可文件（如《危化品经营许可证》《燃气经营许可证》等）；（2）按照消防主管部门的相关要求，充装站申请消防验收合格后获得的消防鉴审合格意见书等。

注D－8：充装介质储存能力和自有产权气瓶数量依据各省级（直辖市）人民政府负责特种设备安全监督管理部门的规定。

D2.2　人员

（1）充装单位法定代表人（主要负责人）应当熟悉与气瓶充装安全管理相关的法律、法规、规章和安全技术规范；

（2）配备技术负责人1人，具有工程师职称，具有气瓶充装管理经验，能够处理一般技术问题，具备组织协调和事故应急处置的能力；

（3）每个充装地址应当配备专职安全管理员至少1人，并且取得特种设备安全管理人员资格；

（4）每个充装地址作业人员（充装人员，下同）每个班次不少于2人，并且持有气瓶充装作业人员资格，在气瓶充装作业时，作业人员不得同时兼任检查人员；

（5）每个充装地址配备检查人员每个班次至少1人，并且取得气瓶充装作业人员资格；

（6）配备与气瓶充装相适应的化验人员，并且经过技术和安全培训，掌握与充装介质相关的知识,检验设备、仪器和仪表的性能以及使用方法。

D2.3 充装场所

(1) 按照介质分别设有气瓶待检区、不合格区、待充装区、充装合格区,并且采取有效的隔离措施;

(2) 具有专供气瓶装卸的场地和专用装卸装置,并且符合有关安全技术规范及相关标准的规定;

(3) 具有气瓶专用库房,划分实瓶区和空瓶区,并且设有明显标识;

(4) 充装单位的充装作业区域与辅助服务区之间应当设有明显界线,还应当设有人员进入的安全警示标识以及安全须知;

(5) 具有可供移动式压力容器检查和卸载的作业场地。

D2.4 充装设备

(1) 充装单位所使用的特种设备应当符合有关安全技术规范的规定;

(2) 具有移动式压力容器卸载专用装置,并符合有关安全技术规范及相关标准的规定;

(3) 抽真空设施应当符合相关标准的要求;

(4) 用于易燃、易爆、有毒介质的充装设备,应当装设紧急切断系统。

D2.5 检测仪器与试验装置

(1) 充装单位装设的压力计量、温度计量、质量计量、安全阀、气体危险浓度监测报警装置(有毒、可燃气体和氧气及可窒息性气体的充装单位必须配置)、紧急切断系统等应当与充装介质种类、充装数量相适应,符合有关安全技术规范及相关标准的规定;

(2) 具有判定气瓶内部残液、残气化学性质的装置和仪器,以及处理易燃、易爆和有毒介质残液、残气的设施。

D2.6 专项条件

D2.6.1 压缩气体充装

D2.6.1.1 充装设备

(1) 有抽真空工艺要求的,应当具有抽真空装置,氧气充装所配置的抽真空设备应当使用氧专用油脂或无油脂润滑;

(2) 应当按照有关要求装设防错装接头。

D2.6.1.2 检测仪器与试验装置

采用电解法制取氢气和氧气的充装单位,应当具有自动测定氢、氧纯度的化学分析仪器。

D2.6.2 液化气体充装

D2.6.2.1 充装设备

(1) 液化石油气充装单位,应当具有气瓶的残液倒空和回收装置以及抽真空装置;

(2) 液化天然气充装单位，应当在用于移动式压力容器的卸液装置液相管道上装设切断阀和止回阀，气相管道上装设切断阀；

(3) 液氨、液氯等毒性气体充装单位，应当具有回收或处理瓶内余气的装置，并且安装在可防止充装时气体溢出的负压操作系统上；

(4) 贮存容器应当装设准确、安全、醒目的液面显示装置，并且有可靠的防超装设施。

D2.6.2.2　检测仪器与试验装置

(1) 具有与充装接头数量相等的计量衡器，以及专用的复称衡器，其中液氨、液氯、液化二甲醚、液化石油气充装应当配置具备超装自动切断功能的计量衡器，其他液化气体应当配置超装自动报警装置；

(2) 低温液化气体充装装置中的汽化器出口应当装设温度、压力控制报警系统和联锁停泵装置。

D2.6.3　溶解气体充装

D2.6.3.1　充装场所应当分别具有实瓶、空瓶和气体原料专用库房。

D2.6.3.2　充装设备

(1) 具有回收或者处理瓶内余气的装置；

(2) 具有抽真空、测量瓶内余压、确定剩余丙酮或者吸附气体介质量、补加丙酮或者吸附气体介质的装置；具有冷却喷淋和紧急喷淋装置，并且有可靠水源。

D2.6.4　混合气体充装

混合气体充装单位的生产场地、检验与试验能力等应当根据混合气体组分性质分别满足压缩气体、液化气体充装条件的要求。

D2.7　充装单位质量保证体系

充装单位应当建立并且有效实施包括充装要素控制程序、管理制度、安全操作规程、充装工作记录和工作见证资料等的充装质量保证体系。

配备相应要素的充装质量控制系统责任人员，按照相应要求履行审查确认、作出记录的职责。

D2.7.1　充装要素控制

充装单位应当编制并且实施文件和记录控制、设备(包括充装设备和充装工艺装备)控制、充装介质检测控制、人员管理、充装工作质量控制、信息追踪和质量服务、执行特种设备许可制度等要素质量控制系统。

D2.7.1.1　文件和记录控制

D2.7.1.1.1　文件控制

文件控制的范围、程序、内容如下：

(1) 受控文件的类别确定，包括质量保证体系文件、外来文件，以及其他需要控制的文件等；

(2) 文件的管理，包括编制、审核、审批批准、标识、发放、修改、回收，保管(方式、设施等)及其销毁的规定；其中外来文件控制还应当有收集(购买)、接收等规定；

(3) 质量保证体系实施的相关部门、人员及场所使用的受控文件为有效版本的规定。

D2.7.1.1.2 记录控制

记录控制范围、程序、内容如下：

(1) 记录的填写、确认、收集、归档、保管与保存期限、销毁等规定；

(2) 质量保证体系实施部门、人员及场所使用相关受控记录表格有效版本的规定。

D2.7.1.2 设备控制

设备控制的范围、程序、内容如下：

(1) 设备及设备上使用的安全附件控制，包括采购、验收、建档、操作、维护、使用环境、检定校准、检修、特种设备自行检查、报废等；

(2) 设备档案管理，包括建立设备台账和档案，质量证明文件、使用说明书、使用记录、维护保养记录、校准检定计划，校准检定记录、报告等档案资料；

(3) 设备状态控制，包括设备使用状态标识、检定校准标识、法定要求定期检验的设备检验报告等。

D2.7.1.3 充装介质检测控制

按照安全技术规范及相关标准的要求，对所购商品气体、气瓶余气和产品气体进行化验分析。

D2.7.1.4 人员管理

人员管理控制的范围、程序、内容如下：

(1) 人员培训要求、内容、计划和实施等；

(2) 人员的培训记录、考核档案；

(3) 特种设备相关人员持证上岗；

(4) 特种设备许可所要求的相关人员的聘用管理。

D2.7.1.5 充装工作质量控制

充装工作质量控制的范围、程序、内容如下：

(1) 对合格的气瓶进行充装，严禁充装超期未检气瓶、改装气瓶、翻新气瓶、报废气瓶；

(2) 充装过程按照规定进行操作，并且有专人进行巡回检查；

(3) 气瓶充装的温度(压力)及其流速符合规定；

(4) 溶解乙炔气瓶充装时间及静置时间符合要求，充装后逐瓶称重和检查压力；

(5) 液化气瓶充装量符合有关规定，充装后逐瓶称重；

(6) 压缩气体充装压力符合规定。

D2.7.1.6 信息追踪和质量服务

信息追踪和质量服务控制的范围、程序、内容如下：

(1) 本单位办理使用证的气瓶瓶体上应当制作充装站标志(涂敷标志和信息化电子标志)和充装产品标签,标签内容符合安全技术规范要求;

(2) 充装站建立健全气瓶充装、储运、销售、检验的全产业链等环节的安全信息追溯系统,并且有效实施管理;

(3) 对瓶装气体使用者进行安全使用指导,对瓶装气体经销单位或者瓶装气体消费者进行气瓶安全使用培训。

D2.7.1.7　执行特种设备许可制度

执行特种设备许可制度控制的范围、程序、内容如下:

(1) 执行特种设备许可制度;

(2) 接受各级特种设备安全监管部门的监督;

(3) 接受定期检验,包括满足法规、安全技术规范对特种设备及安全附件的定期检验或者校验的要求;

(4) 特种设备许可证管理,包括遵守相关法律、法规和安全技术规范的规定,购买、使用和充装具有许可证的单位制造的特种设备及其安全附件的规定,充装许可(如名称、地址)发生变更、变化时及时办理变更手续的规定,特种设备许可证管理规定,特种设备许可证换证规定等。

D2.7.2　管理制度和人员岗位责任制

充装单位应当建立包括以下内容的各项管理制度和人员岗位责任制,并且能够有效实施。

(1) 安全管理机构(需要设置时)和各类人员岗位责任;

(2) 安全管理(包括安全教育、安全生产、安全检查等内容);

(3) 用户信息反馈;

(4) 气瓶的检查登记、使用登记、建档、标识、定期检验和维护保养、自行检查、储存、发送;

(5) 充装站内压力容器、压力管道等特种设备的使用管理以及定期检验;

(6) 计量器具与仪器仪表校验;

(7) 资料保管,如充装记录(含电子文档)、设备档案等;

(8) 不合格气瓶处理;

(9) 人员培训考核管理;

(10) 用户安全宣传教育培训及服务;

(11) 事故报告和处理;

(12) 事故应急预案及定期演练;

(13) 风险管理和隐患排查。

D2.7.3　安全操作规程

充装单位应当结合充装工艺制定并且实施有关安全操作规程,安全操作规程内容至少包括适用范围，人员条件、设备仪器条件、操作程序和方法、监控参数、巡回检查和异常情况的处理等。有关安全操作规程应当至少包括以下内容：

(1) 瓶内残液(残气)处理操作规程；

(2) 气瓶充装前、后检查操作规程；

(3) 气瓶充装操作规程；

(4) 气体分析操作规程；

(5) 充装设备操作规程；

(6) 事故应急处理操作规程；

(7) 装卸操作规程。

D2.7.4 充装工作记录和见证资料

充装单位应当填写充装工作记录。充装工作记录要有操作人员、审核人员签字确认。有关充装工作记录和见证资料至少包括以下内容：

(1) 收发瓶记录；

(2) 新瓶和检验后首次投入使用气瓶的抽真空或置换记录；

(3) 残液(残气)处理记录；

(4) 充装前、后检查和充装记录；

(5) 不合格气瓶隔离处理记录；

(6) 介质化验报告；

(7) 质量信息反馈记录；

(8) 设备运行、检修和安全检查等记录；

(9) 装卸记录；

(10) 安全培训记录；

(11) 溶解乙炔气瓶丙酮补加记录；

(12) 事故应急预案演练记录。

D2.8 充装工作质量

充装工作应当符合《气瓶安全技术监察规程》的规定，严格进行充装前检查、充装过程控制、充装后检查和充装量复检，并且按照其规定进行记录，向介质购买方提交证明资料。

D2.9 换证业绩

充装单位在许可周期内的充装业绩应当覆盖其许可范围，并且每年的年度监督检查结果合格，否则按照首次申请取证或者增项处理。

D2.10 其他要求

气瓶充装单位的许可条件除满足本附件要求外，各省级特种设备安全监管部门可以根据当地的具体情况，对本附件进行细化。

5.3 《气瓶安全技术规程》TSG 23—2021(节选)

1 总则

1.1 目的

为了规范气瓶安全工作，保障人民生命和财产安全，促进经济社会发展，根据《中华人民共和国特种设备安全法》和《特种设备安全监察条例》，制定本规程。

1.2 适用范围

(1) 本规程适用于环境温度为−40 ℃～60 ℃(注 1−1)、公称容积为 0.4 ～3 000 L、公称工作压力为 0.2 ～70 MPa(表压，下同)，并且压力与容积的乘积大于或者等于 1.0 MPa·L，盛装压缩气体、高(低)压液化气体、低温液化气体、溶解气体、吸附气体、混合气体(注 1−2)以及标准沸点等于或者低于 60 ℃的液体的无缝气瓶、焊接气瓶、低温绝热气瓶、纤维缠绕气瓶、内部装有填料的气瓶，以及气瓶集束装置(注 1−3)；

(2) 长管拖车、管束式集装箱用大容积气瓶以及消防灭火用气瓶，应当满足本规程总则、材料、设计、制造的有关规定，长管管拖车、管束式集装箱还应当满足《移动式压力容器安全技术监察规程》的要求：大于 3 000 L 并且小于或者等于 5 000 L 的大容积气瓶，可以参照执行本规程的有关规定。

本规程所指气瓶含瓶体和气瓶附件，所覆盖的主要气瓶分类、品种以及代号见附件 A。

注 1−1：车用气瓶(注 1−4)、消防灭火用气瓶适用的环境温度应当满足相关标准的要求。

注 1−2：压缩气体、高〔低)压液化气体、低温液化气体、溶解气体、吸附气体、混合气体等瓶装气体的分类以及常用气体物性参数见附件 B。。

注 1−3：气瓶集束装置，是指将若干气瓶集束在一起用于公路运输或者临时固定使用的瓶组式集装装置，一般由气瓶、管路及框架组成。

注 1−4：车用气瓶，是指固定在机动车上盛装机动车燃料(如天然气、氢气、液化石油气、液化二甲醚等)的气瓶。

1.3 不适用范围

本规程不适用于仅在灭火时承受瞬时压力的消防灭火用气瓶，以及手提式干粉型灭火用气瓶、水基型灭火用气瓶、钎焊结构气瓶，军事装备、核设施、航空航天器、铁路机车、海上设施和船舶、矿山井下、民用机场专用设备使用的气瓶。

1.4 与标准、管理制度的关系

(1) 本规程规定了气瓶设计、制造、型式试验、监督检验、充装使用、定期检验等环节的基本安全要求，气瓶的相关标准以及有关单位的气瓶安全管理要求等，不应当低于本规程的规定；

气瓶产品一般应当采用国家标准或者行业标准设计制造，尚未制定国家标准、行业标准的，应当制定团体标准或者企业标准，企业标准制定者还应当提供符合本规程基本安全要求的比照表，样式见附件C。

1.5 特殊情况处理

有关单位采用新材料、新技术、新工艺，与本规程的要求不一致，或者本规程未作要求、可能对安全性能有重大影响的，应当向市场监管总局申报，由市场监管总局按照新材料、新技术、新工艺评审和批准程序组织进行技术评审和批准。

1.6 协调标准与引用标准(注1−5)

本规程的协调标准，是指满足本规程基本安全要求的国家标准。本规程的引用标准，是指材料标准、介质标准、方法标准、零部件标准、充装标准、检验检测标准等基础性标准。协调标准如下：

(1) GB/T 5099.1《钢质无缝气瓶 第1部分：淬火后回火处理的抗拉强度不小于1 100 MPa的钢瓶》；

(2) GB/T 5099.3《钢质无缝气瓶 第3部分：正火处理的钢瓶》；

(3) GB/T 5099.4《钢质无缝气瓶 第4部分：不锈钢无缝钢瓶》；

(4) GB/T5100《钢质焊接气瓶》；

(5) GB/T5842《液化石油气钢瓶》；

(6) GB/T 11638《溶解乙炔气瓶》；

(7) GB/T11640《铝合金无缝气瓶》；

(8) GB/T17258《汽车用压缩天然气钢瓶》；

(9) GB/T17259《机动车用液化石油气钢瓶》；

(10) GB/T1726 8《工业用非重复充装焊接钢瓶》；

(11) GB/T 24159《焊接绝热气瓶》；

(12) GB/T24160《车用压缩天然气钢质内胆环向缠绕气瓶》；

(13) GB/T 28053《呼吸器用复合气瓶》；

(14) GB/T28054《钢质无缝气瓶集束装置》；

(15) GB/T32566《不锈钢焊接气瓶》；

(16) GB/T33145《大容积钢质无缝气瓶》；

(17) GB/T33147《液化二甲醚钢瓶》；

(18) GB/T34510《汽车用液化天然气气瓶》；

(19) GB/T35544《车用压缩氢气铝内胆碳纤维全缠绕气瓶》。

注1−5：本规程的协调标准、引用标准中，凡是注明标准年号的，其随后所有的修改单(不包括勘误内容)或者修订版本均不适用于本规程；凡是不注明标准年号的，其最新版本适用于本规程。

1.7　气瓶专用

盛装单一气体的气瓶应当专用，只允许充装与设计文件、制造标志规定相一致的气体(充装过程所用的置换气体除外)，不得更改气瓶制造标志和用途，也不得混装其他气体。

盛装混合气体的气瓶应当按照气瓶标志对应的气体特性(注 1—6)充装相同特性的混合气体。

注 1—6：气体特性，是指按照 GB/T 16163《瓶装气体分类》、GB/T 34710《混合气体的分类》等标准确定的毒性(T)、氧化性(O)、燃烧性(F)和腐蚀性(C)。

1.8　气瓶标志

气瓶标志包括制造标志、定期检验标志以及其他标志。

(1) 制造标志分为钢印标志(含铭牌上的标志)、标签标志(粘贴于瓶体上的标志，下同)、印刷标志(印刷在瓶体上的标志，下同)、电子识读标志(包括射频标签及采用图像识别技术进行电子扫描读取数据的二维码等电子载体，下同)和气瓶颜色标志；

(2) 定期检验标志分为钢印标志、电子识读标志、标签标志以及涂敷标志等；

(3) 除本条(1)(2)气瓶标志方式外，出租车用燃料气瓶的制造单位或者安装单位、检验机构还应当在气瓶的显著位置制作永久性出租车“TAXI”标志(钢质气瓶采用钢印标志，纤维缠绕气瓶采用树脂覆盖的标签标志等)。

1.8.1　气瓶制造标志

1.8.1.1　气瓶钢印标志、标签标志、印刷标志

(1) 气瓶制造标志是识别气瓶的依据，标志的内容应当符合本规程附件 D 以及相关标准的规定；小容积气瓶制造标志的内容可以参照本规程附件 D 的规定；

(2) 制造单位应当在每只气瓶上做出钢印标志、标签标志或者印刷标志等制造标志；

(3) 制造单位应当在钢质燃气气瓶(注 1—7)的封头上压印内凹的盛装介质、制造年份、产权单位标志，在护罩上压印“人员密集的室内禁用”的字样；复合材料燃气气瓶应当在外套上压铸盛装介质、制造年份、产权单位标志，以及“人员密集的室内禁用”的字样。

注 1—7：燃气气瓶是指盛装液化石油气、液化二甲醚等民用燃料气体的气瓶，分为钢质燃气气瓶和复合材料燃气气瓶。

1.8.1.2　电子识读标志

氢气气瓶、纤维缠绕气瓶、燃气气瓶和车用气瓶的制造单位，应当在出厂的气瓶上设置可追溯的永久性电子识读标志。鼓励其他气瓶制造单位在出厂气瓶上设置可追溯的永久性电子识读标志。

钢质燃气气瓶上设置的电子识读标志应当直接镂刻或焊接在护罩上，并且确保在钢瓶使用年限内不可更换并能有效识读。电子识读标志应当能够通过手机扫描方式链接

到制造单位建立的气瓶产品公示平台，直接获取每只气瓶的产品信息数据。

1.8.1.3　气瓶外表面颜色标志、字样和色环

气瓶外表面的颜色标志、字样和色环，应当符合《气瓶颜色标志》(GB/T 7144)的要求；颜色标志、字样和色环有特殊要求的，还应当符合相关产品标准的要求；对未列入国家标准的气瓶颜色标志、字样和色环，应当制定团体标准。气瓶的显著部位应当标注办理使用登记的气瓶充装单位名称或者简称。

1.8.1.4　燃气气瓶专用颜色标志

(1) 气瓶使用登记机关可以在市(县)区域内，规定在本区域内充装的燃气气瓶采用统一的专用颜色标志；

(2) 自有产权气瓶超过一定数量的燃气气瓶充装单位，经过气瓶使用登记机关同意后，可以在办理了使用登记的气瓶上涂敷本充装单位专用的颜色标志。

1.8.1.5　低温绝热气瓶(含汽车用液化天然气气瓶)标志

盛装液氧(O_2)、氧化亚氮(N_2O)和液化天然气〔LNG)等介质的气瓶，应当在外壳上封头的显著部位，压制明显凸起的"O_2""N_2O" "LNG"等充装的介质符号。

1.8.2　气瓶定期检验标志

气瓶定期检验标志的标记方式，点若符合本规程附件D的规定。气瓶定期检验机构应当在检验合格的气瓶上逐只做出永久性的检验合格标志，涂敷检验机构名称和下次检验日期(无法涂敷的气瓶可用检验标志环代替)，并且在电子识读标志对应的数据库中录入检验信息。

1.9　进出口气瓶

进出口气瓶，除应当符合进出口商品检验的相关规定外，还应当满足本规程附件E的规定。

1.10　管理要求

气瓶制造单位、充装单位、检验与检测机构等，应当严格执行本规程，并且对气瓶产品的设计、制造、充装、检验等过程信息进行记录，建立气瓶质量安全追溯体系，并且按照特种设备信息化管理的规定，及时将所要求的信息录入气瓶质量安全追溯信息平台。

8　充装使用

8.1　充装定义

气瓶充装，是指利用专用充装设施，将储存在压力容器中或者气体发生装置中的气体或液体介质充装到各类气瓶内的过程。

8.2　使用单位含义

气瓶使用单位一般指气瓶的充装单位，车用气瓶、非重复充装气瓶、呼吸器用气瓶的使用单位是产权单位和充装单位。

8.3 使用单位基本要求

（1）使用单位及其主要负责人对气瓶使用安全负责，车用气瓶、非重复充装气瓶、呼吸器用气瓶的充装单位和产权单位按照气瓶产权归属情况以及使用环节各负其责；

（2）使用单位应当采购取得相应制造资质的单位制造的、经监检合格的气瓶以及气瓶阀门（采购的燃气气瓶还应当具有本使用单位的标志），并且按照《特种设备使用管理规则》的有关规定办理气瓶使用登记（呼吸器用气瓶、非重复充装气瓶以及其他特殊要求的气瓶不需要办理使用登记）、变更以及注销手续；车用气瓶的使用登记、变更和注销由产权单位办理；

（3）使用单位应当建立有关岗位责任、隐患治理、应急救援等安全管理制度，制定相关操作规程，保证气瓶安全使用；使用单位应当按照《特种设备使用管理规则》相应要求配备安全管理人员，并且负责开展有关气瓶安全使用的安全教育和技能培训；

（4）使用单位应当负责对本单位办理使用登记的气瓶进行日常维护保养，更换超过设计使用年限的瓶阀等安全附件，涂敷使用登记标志和下次检验日期；

（5）使用单位应当接受特种设备安全监管部门依法实施的监督检查。

8.4 充装单位和人员基本要求

（1）气瓶充装单位充装气瓶前应当取得安全生产许可证或者燃气经营许可证，具备对气瓶进行安全充装的各项条件。盛装易燃、助燃、有毒、腐蚀性气体气瓶的充装单位（仅从事非经营性充装活动的除外）以及非重复充装气瓶的充装单位，还应当按照有关安全技术规范的规定取得气瓶充装许可；气瓶充装单位办理所充装气瓶的使用登记后，方可从事气瓶充装；

（2）气瓶充装单位应当向气体使用者提供符合安全技术规范要求的气瓶（车用气瓶、非重复充装气瓶、呼吸器用气瓶除外），同时应当提供安全用气使用说明，对气体使用者进行气瓶安全使用指导，并且对所充装气瓶满足本规程所规定的基本安全要求负责；

（3）气瓶充装单位应当为其所充装的气瓶建立充装电子档案，对充装前后检查情况以及充装情况进行记录，纳入充装电子档案记录；

（4）充装单位应当按照本规程关于气瓶质量安全追溯体系的要求，建立本单位气瓶充装信息平台，及时将充装前（后）检查情况、相关充装情况等信息上传到气瓶充装信息平台，充装信息平台追溯信息记录和凭证保存期限应当不少于气瓶的一个检验周期；

（5）充装单位只能充装本单位办理使用登记的气瓶以及使用登记机关同意充装的气瓶，严禁充装未经定期检验合格、非法改装、翻新以及报废的气瓶；

（6）充装作业人员应当取得相应资格，方可从事气瓶充装以及检查工作，并且对其充装、检查工作的安全质量负责；

(7) 充装单位应当按照《特种设备使用管以规则》的规定，每年向气瓶使用登记机关报送《气瓶基本信息汇总表》，并且报送气瓶及其他特种设备的定期检验情况，以及充装单位技术负责人、安全管理人员和充装作业人员持证汇总表。

8.5 安全管理要求

8.5.1 安全管理制度

使用单位应当根据气瓶安全管理实际工作需要，建立健全并有效实施以下安全管理制度：

(1) 特种设备安全管理人员、作业人员岗位职责以及培训制度；

(2) 气瓶建档、使用登记、标志涂覆、定期检验和维护保养制度；

(3) 气瓶安全技术档案(含电子文档)保管制度；

(4) 气瓶以及气瓶阀门采购、储存、收发、标志、检查和报废、更换等管理制度；

(5) 气瓶隐患排查治理以及报废气瓶去功能化处理制度；

(6) 气瓶事故报告和处理制度；

(7) 应急演练和应急救援制度；

(8) 接受安全监督的管理制度。

8.5.2 安全技术档案

气瓶使用单位应当建立安全技术档案(含电子档案)，档案至少包括以下内容：

(1) 气瓶使用登记证和使用登记汇总表；

(2) 气瓶产品质量合格证、监检证书、维护保养说明等出厂技术资料和文件(或者电子文档)；

(3) 气瓶定期检验报告；

(4) 气瓶日常维护保养记录；

(5) 气瓶附件和安全保护装置校验、检修、更换记录和有关报告；

(6) 事故情况或者异常情况所采取的应急措施和处理情况记录等资料；

(7) 气瓶充装前(后)检查记录和充装记录(或者电子信息文档)；

(8) 充装用仪器仪表检定、校验证书以及修理和更换记录；

(9) 压力容器、压力管道等特种设备的设备档案；

(10) 各类人员培训考核资料以及向气体使用者宣传教育的资料；

(11) 需要存档的其他资料。

8.5.3 操作规程

使用单位应当根据气瓶使用特点和充装安全要求，制定操作规程。气瓶使用的操作规程一般包括气瓶的使用参数、使用程序和方法、维护保养要求，安全注意事项、日常检查和异常情况处置、相应记录等内容的规定。

气瓶充装相关的操作规程，应当包括充装工作程序、充装控制参数、安全事项要求、异常情况处理以及记录等。充装单位至少制定并有效实施以下操作规程：

(1) 瓶内残液(残气)处理；

(2) 气瓶充装前(后)检查；

(3) 气瓶充装；

(4) 气体分析；

(5) 设备仪器。

8.5.4 检查、维护保养

使用单位应当按照气瓶出厂资料、维护保养说明，对气瓶进行经常性检查、维护保养。检查、维护保养一般包括以下内容：

(1) 检查规定的气瓶标志、外观涂层完好情况、定期检验有效期是否符合安全技术规范及其相关标准的规定；

(2) 检查气瓶附件是否齐全、有无损坏，是否超出设计使用年限或者检验有效期；

(3) 检查气瓶是否出现变形、异常响声、明显外观损伤等情况；

(4) 检查气体压力显示是否出现异常情况；

(5) 使用单位认为需要进行检查的项目。

使用单位根据检查情况，采取表面涂敷、送检气瓶、更换瓶阀等方式进行气瓶的维护保养，并将维护保养情况记录到档案中。

8.5.5 定期检验

使用单位应当在气瓶检验有效期届满前一个月，向气瓶定期检验机构提出定期检验申请，并且送检气瓶。

气瓶充装单位(车用气瓶充装单位除外)申请自行检验已办理使用登记的自有产权气瓶的，可在充装许可申请时一并提出申请，经评审机构按照特种设备有关检验机构核准的规定进行评审，符合要求的，在充装许可证书上备注“(含定期检验)”。

8.5.6 不合格气瓶的处理

使用单位不得使用存在严重事故隐患、经检验不合格或者应当予以报废的气瓶。对需要报废的气瓶，应当依法履行报废义务，自行或者将其送交气瓶检验机构进行消除使用功能的报废处理。

8.5.7 事故应急预案与异常情况、隐患和事故处理

8.5.7.1 事故应急救援预案

充装单位应当按照有关规定制定事故应急救援预案，并且每年至少组织一次事故应急演练并记录。

8.5.7.2 异常情况、隐患处理

使用单位应当有效实施隐患排查治理制度。发现以下异常情况、隐患时，操作人员应当及时采取应急措施进行处理和消除隐患：

（1）气瓶以及受压元（部）件等出现泄漏、裂纹、变形、异常响声等缺陷；

（2）气体充装设备、系统的压力超过规定值，采取适当措施仍不能有效控制，以及压力测定、显示、记录装置不能正常工作；

（3）充装区域（场地）的易燃、易爆、毒性气体浓度超过规定值，采取适当措施仍不能有效控制；

（4）其他异常情况和隐患。

8.5.7.3 事故处理

（1）发生事故时，使用单位应当立即采取应急措施，防止事故扩大；

（2）发生事故后，使用单位应当提供真实、可追溯的气瓶检查记录、充装记录等气瓶技术资料和文件；

（3）发生事故后，使用单位应当按照《特种设备事故报告和调查处理导则》的规定，向有关部门报告，并且协助事故调查和做好善后处理工作。

8.6 充装安全技术要求

8.6.1 充装装置

（1）充装装置应当能够有效防止气体错装，必要时应当先抽真空再进行充装；

（2）充装高（低）压液化气体、低温液化气体以及溶解乙炔气体时，所采用的称重衡器的最大称量值以及校验有效期应当符合相关计量规范或标准的要求。

8.6.2 充装单位信息标志、警示标签

（1）充装单位应当在充装检查合格的气瓶上，牢固粘贴充装产品合格标签，标签上至少注明充装单位名称和电话、气体名称、实际充装量、充装日期和充装检查人员代号；

（2）充装单位应当在充装气瓶上标示警示标签，气瓶警示标签的式样、制作方法和使用应当符合《气瓶警示标签》(GB/T 16804)的要求。燃气气瓶警示标签上应当注 明“人员密集的室内禁用”字样。

8.6.3 充装检查与记录

8.6.3.1 基本要求

（1）充装前（后），应当逐只对气瓶进行检查.并且填写检查记录；

（2）气瓶充装过程中，应当逐只进行检查，并且填写充装记录；

（3）检查记录和充装记录可以采用电子记录方式，并且应当由作业人员签字确认。

8.6.3.2 发现问题处理

检查发现以下情况的气瓶，应当先进行处理，否则严禁充装：

（1）出厂标志、颜色标记不符合规定，瓶内介质未确认；

（2）气瓶附件损坏、不全或者不符合规定；

（3）气瓶内无剩余压力；

（4）超过检验期限；

(5) 外观存在明显损伤，需检查确认能否使用；

(6) 充装氧化或者强氧化性气体气瓶沾有油脂；

(7) 充装可燃气体的新气瓶首次充装或者定期检验后的首次充装，未经过置换或者抽真空处理。

8.6.4　压缩气体充装

(1) 充装压缩气体时，应当考虑充装温度对最高充装压力的影响，压缩气体充装后的压力(换算成 20 ℃时，下同)不得超过气瓶的公称工作压力；

(2) 充装单位采用电解法制取氢气、氧气，应当装设氢、氧浓度自动测定仪器和超标报警装置，测定氢、氧浓度，同时应当定期对氢、氧浓度进行人工检测；当氢气中含氧量或者氧气中含氢量超过 0.5 %(体积比)时，应当停止充装作业，同时查明原因并采取有效措施进行处置；

(3) 充装氟或者二氟化氧的气瓶，最大充装量不得大于 5 kg，充装压力不得大于 3 MPa(20 ℃时)。

8.6.5　高(低)压液化气体充装

8.6.5.1　通用要求

(1) 充装前应当逐瓶称重(车用气瓶除外)；

(2) 应当配置与充装接头相适应的衡器；

(3) 衡器的选用、规格以及检定等，应当符合相关技术规范以及相关标准的规定，衡器应当装设有超装警报或者自动切断气源的装置；

(4) 应当采用复检用衡器，对充装量逐瓶复检；自动化充装的，按照批量抽样有关规定进行复检；充装超量的气瓶应当及时采取有效措施进行处置，否则不允许出充装站。

8.6.5.2　低压液化气体充装系数

(1) 充装系数应当不大于在气瓶最高使用温度下液体密度的 97%；

(2) 温度高于气瓶最高使用温度 5 ℃时，气瓶内不能满液。

常用低压液化气体的充装系数应当不大于本规程附件 B 的规定，其他低压液化气体的充装系数应当不大于由公式(8－1)计算确定的值。

$$F_r = 0.97\rho\left(1-\frac{C}{100}\right) \tag{8-1}$$

式中：F_r—低压液化气体充装系数，kg/L；ρ—低压液化气体在最高液相气体温度下的液体密度，kg/L；C—液体密度的最大负偏差，一般情况，C 取 0～3。

由两种以上(含两种)的液化气体组成的混合气体，应当由试验确定其在最高使用温度下的液体密度并且按照公式(8－1)确定充装系数的最大极限值。

8.6.5.3　高压液化气体充装系数

常用高压液化气体的充装系数应当按照本规程附件 B 的规定确定，其他高压液化气体的充装系数可以按照公式(8－2)确定其最大极限值。

$$F_r = \frac{pM}{ZRT} \tag{8-2}$$

式中：F_r—高压液化气体充装系数，kg/L；T—气瓶最高使用温度，K；M—气体的摩尔质量，g/mol；R—气体常数，$R = 8.314\times10^{-3}$ MPa · m³/(kmol · K)；Z—气体在压力为 p、温度为 T 时的压缩系数；p—气瓶许用压力（绝对），按有关标准的规定，取气瓶的公称工作压力，MPa。

8.6.6 低温液化气体及低温液体充装

充装单位应当采用衡器逐瓶（车用焊接绝热气瓶除外）复检充装低温液化气体及低温液体的气瓶，充装超量的气瓶应当及时采取有效措施进行处置，否则不允许出充装站。

8.6.7 溶解乙炔充装

（1）溶解乙炔气体充装量以及乙炔气体与溶剂的重量比，应当符合相关标准的要求；

（2）充装前，充装单位应当按照相关标准的要求测定溶剂补加量对于溶剂量未满足相关标准要求的，应当补加；

（3）溶解乙炔气体充装过程中，气瓶瓶壁温度不得超过充装溶解乙炔气体的容积流速应当小于 0.015 m³/h · L；

（4）溶解乙炔气体充装应当采取多次充装的方法进行，每次充装间隔时间不少于 8 h，静置 8 h 后的气瓶压力符合相关标准的要求时，方可再次充装。

8.6.8 混合气体充装

（1）混合气体的充装系数见本规程的附件 B；未列入附件 B 的混合气体充装系数，按照相关标准的规定确定；

（2）充装前，应当采用加温、抽真空等适当方式进行预处理，并且按照相应混合气体充装标准的规定，确定各气体组分的充装顺序；

（3）充装每一气体组分之前，应当使用待充装的气体对充装装置和管道进行置换；

（4）混合气体充装还应当满足相关标准的规定。

8.6.9 安全用气使用说明

充装单位应当以纸质印刷或者扫描二维码方式显示对气瓶的安全用气使用说明，对瓶装气体使用者进行安全常识教育，告知其应当遵守以下安全守则：

（1）禁止将盛装气体的气瓶置于人员密集或者靠近热源的场所，禁止使用任何热源对气瓶进行加热；

（2）瓶装气体使用者应当购买和使用符合本规程要求的气瓶盛装的气体，不得购买和使用超过检验有效期或者报废的气瓶盛装的气体；

（3）在可能造成气体回流的瓶装气体使用场合，用气设施上应当配置防止倒灌的装置，如单向阀、止回阀、缓冲罐等；

（4）在瓶内压力较高、不能直接使用气体的场合，应当在气瓶出气口装设减压阀，减压阀应当符合相关标准的规定，并且在有效期内使用；瓶装气体用户应当确保减压阀与气瓶阀门连接牢固、密封可靠；

（5）按照相关标准的规定，保持气瓶内具有规定的剩余气体压力或者剩余气体重量；

（6）运输瓶装气体时，气瓶应当整齐放置；横放时，瓶端应当朝向一致；立放时，要妥善固定，防止气瓶倾倒；严禁抛、滑、滚、碰、撞、敲击气瓶；吊装气瓶或者气瓶集束装置时，严禁使用电磁起重机和金属链绳；

（7）储存瓶装气体实瓶①时，存放空间温度超过60 ℃的，应当采用喷淋等冷却措施；空瓶②与实瓶应当分开放置，并且有明显标志；实瓶内气体互相接触会发生反应可能引起燃烧、爆炸、产生有毒有害物质的，应当分室隔离存放，并且在附近配有防毒用具和消防器材；对于储存易发生聚合反应或者分解反应气体的实瓶，应当根据气体的性质，控制存放空间的最高温度来限定储存数量、保存期限；实瓶储存数量较大的单位应当制定应急预案并定期进行演练；

（8）车用液化天然气气瓶的使用单位应当在车辆的明显位置标注“液化天然气汽车”字样，禁止将安装液化天然气气瓶的机动车辆驶入或者停放在建筑物内的停车场（库）等封闭空间；

（9）盛装可燃、助燃或者毒性介质的低温绝热气瓶，不得在封闭或者受限空间场所存放和使用。

注①：实瓶是指充装有规定量气体的气瓶。

注②：空瓶是指包括气瓶出厂或者定期检验后，按照规定向气瓶内充入压力低于0.275 MPa（21 ℃时）的氮气等保护性气体的气瓶。

8.7 特殊规定和禁止性要求

8.7.1 特殊规定

（1）车用气瓶充装装置应当具有识读汽车牌照和气瓶电子识读标志的功能，并且只能对符合相应规定的气瓶进行充装；

（2）临时进口气瓶在境内充装时，充装系数应当参照本规程附件B；

（3）车用液化天然气气瓶充装站应当具备向气瓶充装蒸汽压不小于0.8 MPa的饱和液体的能力；

（4）个人产权气瓶的使用登记、检查、维护保养、定期检验、消除使用功能处理等工作，应当以协议方式委托充装单位或检验机构负责代行；

（5）车用气瓶安全管理除执行本规程的规定外，还应当符合相关法规、规章的规定。

8.7.2 禁止性要求

（1）禁止将移动式压力容器内的气体直接对气瓶进行倒装或者将气瓶内的气体直接对其他气瓶进行倒装；

(2) 禁止向气瓶内添加可能对气瓶安全造成危害或者损伤的物质。

10　附则

10.1　解释权

本规程由国家市场监督管理总局负责解释。

10.2　实施日期

本规程自2021年6月1日起施行。原国家质检总局颁布的《气瓶设计文件鉴定规则》(TSG R1003—2006)、《车用气瓶安全技术监察规程》(TSG R0009—2009)、《气瓶型式试验规则》(TSG R7002—2009),《气瓶附件安全技术监察规程》(TSG RF001—2009)、《气瓶制造监督检验规则》(TSG R7003—2011),《气瓶安全技术监察规程》(TSG R0006—2014)同时废止。

5.4　《气瓶充装站安全技术条件》(GB/T 27550—2011)

1　范围

本标准规定了压缩气体(亦称永久气体)气瓶充装站、液化气体(包括液化石油气)气瓶充装站、溶解乙炔气瓶充装站(以下简称充装站)的职责和必须具备的安全技术条件。

本标准适用于压缩气体(亦称永久气体)气瓶充装站、液化气体(包括液化石油气)气瓶充装站、溶解乙炔气瓶充装站(以下简称充装站)。

本标准不适用于车用气瓶和焊接绝热气瓶充装站。

2　规范性引用文件

下列文件对于本文件的应用是必不可少的。凡是注日期的引用文件,仅注日期的版本适用于本文件。凡是不注日期的引用文件,其最新版本(包括所有的修改单)适用于本文件。

GB 2894 安全标志

GB 7723 固定式电子衡

GB 15383 气瓶阀出气口连接型式和尺寸

GB 16912 深度冷冻法生产氧气及相关气体安全技术规程

GB 50016 建筑设计防火规范

GB 50028 城镇燃气设计规范

GB 50030 氧气站设计规范

GB 50031 乙炔站设计规范

GB 50057 建筑物防雷设计规范

GB 50058 爆炸和火灾危险环境电力装置设计规范

GB 50160 石油化工企业设计防火规范

GB 50177 氢气站设计规范

GB 50257 电气装置安装工程爆炸和火灾危险环境电气装置施工及验收规范

GBJ 140 建筑灭火器配置设计规范

GBZ 1 工业企业设计卫生标准

HG/T 20675 化工企业静电接地设计规程

JB/T 8856－2001 溶解乙炔设备

3　充装站的职责

3.1　负责气瓶的充装、储运、管理和气瓶使用前办理气瓶使用登记证。

3.2　向气体使用者提供气瓶，并对气瓶的安全负责，在所充装的气瓶上粘贴符合国家安全技术规范及国家标准规定的警示标签。

3.3　负责向充装作业人员及气瓶和气体的使用用户讲解气瓶和气体的知识及应急处理措施、宣传安全使用知识及危险性警示要求。

3.4　负责气瓶在充装前和充装后的检查、填写充装记录和每只气瓶的收发记录，并对气瓶的充装安全负责。

3.5　负责气瓶的维护和附件的修理、更换，气瓶颜色标志的涂敷工作。

3.6　负责定期向当地质监部门报送自有气瓶的数量、钢印标志、定期检验和建档情况、充装站负责人和充装人员持证情况。

3.7　负责将超过检验周期的气瓶或在充装前发现有不合要求的气瓶交送到地、市级以上(含)特种设备安全监察机构指定的气瓶检验机构处理。

3.8　确保所充装在气瓶内的气体符合产品的质量标准并出具产品合格证明。

3.9　负责向当地相关部门报告企业的生产、安全技术状况、事故报告和紧急处理情况。

4　充装站的基本条件

4.1　充装站应按有关规定取得当地的质监、安监、环保和消防等管理部门批准的资质。

4.2　充装站应具有与充装气体种类相适应的完好生产装置、工器具、检测手段、场地厂房，有符合安全要求的安全设施。

4.3　充装站有一定的气体储存能力和足够数量的自有产权气瓶。

4.4　充装站应根据国家有关法规制度，制订相应的规章制度：

a) 安全教育、培训、检查制度；

b）防火、防爆、防雷、防静电制度；

c）危险品运输、储存制度；

d）设备、压力容器、管道、计量器具的定检制度及台帐；

e）档案管理制度；

f）岗位责任制、班组管理制度；

g）紧急情况应急救援预案；

h）符合国家环境保护相关规定的气体排放制度。

4.5　充装站所有设备、岗位安全操作规程要齐全。

4.6　充装站应根据气体的特性，按照 GB2894 中的规定，在站内外醒目处应设置须知牌和安全标志。

5　充装站人员条件

5.1　充装站应配备工程师技术职称以上（含工程师）的专职安全生产技术负责人。

5.2　充装站应配备高中或高中以上文化程度或同等学历并经培训合格的专职或兼职安全管理人员。

5.3　充装站应配备初中或初中以上文化程度并经专业技术培训和地、市级或地市级以上质监部门考核合格，取得“特种设备作业人员证书”的气瓶检查员。

5.4　充装站应配备初中或初中以上文化程度并经专业技术培训和地、市级或地市级以上质监部门考核合格，取得“特种设备作业人员证书”的气瓶充装人员，且每工作班不得少于两名。

5.5　充装站应配备高中或高中以上文化程度或同等学历并经专业技术培训，取得资格证书的产品质量检验人员。

6　充装站的厂房建筑条件

6.1　充装站站址及总平面布置、厂房建筑的耐火材料等级、厂区防火间距、安全通道及消防用水量等安全防火条件应符合 GB 50016 的规定。可燃气体充装站应符合相应气体的设计规范。设置在石油化工企业内的充装站还应符合 GB 50160 的规定。

6.2　充装间应设有足够泄压面积和相应的泄压设施。充装介质密度小于空气的气体充装站排气泄压设施应设在建筑物顶部，充装介质密度大于或等于空气的气体，充装站排气泄压设施应设在建筑物靠近地面的位置上。

6.3　充装站应设置符合安全技术要求的通风、遮阳、防雷、防静电设施。

6.4　可燃气体充装站内的灌瓶（充装）间、实瓶间、压缩机房等为甲类厂房；瓶库等为甲类库房。其厂房建筑应为一、二级耐火等级的单层建筑。甲类厂房与甲类库房必须符合如下条件：

a) 密度等于或大于空气的可燃气体的厂房、库房内应采用不产生火花地面，如采用绝缘材料作整体面层时，应采取防静电措施。地下不得设地沟，如必须设置时，其地沟应填砂充实并加盖板，或采用强制通风措施。

b) 厂房、库房应采用混凝土柱、钢柱框架或排架结构，当采用钢柱时，应采用防火保护层。结构宜采用敞开式建筑，门、窗应向外开启并应有安全出口。顶棚应尽量平整，避免死角。

c) 厂房、库房应有必要的泄压设施，泄压设施宜采用轻质屋盖作为泄压面积，易于泄压的门窗、轻质墙体也可作为泄压面积。作为泄压面积的轻质屋顶和轻质墙体每平方米重量不宜超过 60 kg。泄压面积与厂房(库房)体积的比值(m^2/m^3)，应符合 GB 50016 建筑设计防火规范。

d) 建筑面积(单层)超过 100 m^2 或同一时间生产人数超过 5 人的生产厂房应至少有两个安全出口。

e) 厂房或库房顶部应设避雷网并接地，其冲击接地电阻应小于 10 Ω。

6.5　充装站的充装间与瓶库的钢瓶应分实瓶区、空瓶区布置。氧气、电解氢充装站灌瓶台应设置防护墙(有抽真空装置或气瓶装有余压保持阀除外)。深冷大型液氧、液氮贮罐(500 m^3 以上)(堆积珠光砂绝热型)应按 GB 50160 的要求建造围堰。

6.6　充装站应有专供气瓶装卸的站台或专用装卸工具。站台上存放空瓶和实瓶的区间应设立明显标记。站台上宜保留有宽度不小于 2 m 的通道(乙炔充装站通道净宽不小于 1.5 m)。乙炔充装站的站台宜高出地面 0.4～1 m，平台宽度不宜超过 3 m，并应设置有大于平台宽度的雨篷，雨篷及其支撑应为非燃烧体。

6.7　液化石油气和压缩天然气充装站的站址及场地还应符合下列规定：

a) 充装站生产区应设置高度不低于 2 m 非燃烧体实体围墙。

b) 充装站应分区布置，应分为生产区和辅助区。液化石油气充装站在生产区和辅助区之间应设高度不低于 2 m 的非燃烧体实体围墙。

c) 生产区应布置在充装站全年最小频率风向的上风侧或上侧风侧。

d) 生产区应敷设宽敞的回车场地。生产区应设有宽度不小于 4 m 的环形消防车道。液化石油气充装站当贮罐总容积小于 500 m^3 时，可设尽头式消防车道和面积不小于 12 m×12 m 的回车场。供大型消防车使用的回车场面积不应小于 18 m×18 m。

e) 充装站内场地平整，在山区、丘陵地区设站也可分阶梯布置。生产区内严禁设地下、半地下建筑物(地下贮罐、水泵结合器除外)，地下管沟应用干砂填充。

f) 充装站生产区与辅助区至少各设一个对外出口。贮罐总容积超过 1 000 m^3，液化石油气生产区应设两个对外出入口，其间距不应小于 50 m。出入口宽度应不小于 4 m。

g) 钢瓶装卸台的设置，应符合 GB50028 的规定。

6.8　充装站内应设置消防车通道、专用消防栓、消防水源、灭火器材以及在紧急情况下处理事故的消灾设施和器具。灭火器的配量应符合 GBJ 140 的规定。乙炔充装间内应设置供灭火用的紧急喷淋装置。

6.9　充装站的消防设施应符合 GB 50016 的规定。有爆炸危险场所的电力装置设计、施工与验收应符合 GB 50028 和 GB 50257 的要求。乙炔充装站有爆炸危险性的 1 区内，应采用适用于乙炔的 d ⅡCT2(B4b)级隔爆型电气设备或仪表。

6.10　充装站应设置可靠的防雷装置，其设计应符合 GB 50057 的规定。

6.11　充装站的静电接地设计应符合 HG/T 20675 的规定。可燃及助燃气体充装站的管道、阀门、储存容器等应设置导除静电的可靠接地装置，其接地电阻不得大于 10 Ω，管道上法兰间的跨接电阻不应大于 0.03Ω。

7　充装站的设备与管道条件

7.1　压力容器和管道的设计、制造、安装、检验、使用和管理应符合国家有关规定。液化气体容器应装设有准确、安全、醒目的液面显示装置，并有可靠的防超装设施。

7.2　充装设备、管道、阀件密封元件及其他附件不得选用与所装介质特性不相容的材料制造。凡与乙炔接触的设备、管件、仪表，严禁选用含铜量超过 70 %的铜合金以及银、汞、锌、镉及其合金材料制造的零部件。

7.3　氧气充装站的工艺布置、设备与管道的选择设计应符合 GB 50030 及 GB 16912 的规定。氢气站的工艺布置、设备与管道的设计应符合 GB 50177 的要求。

7.4　气体充装站的充装接头应符合 GB 15383 中相关的规定。深冷液化气体储罐及软管等的快速接头应根据气体的不同采用不同的结构。

7.5　充装站不得使用水润滑压缩机充装压缩气体。对于充装与水反应易形成强腐蚀性介质的气体，充装站应备有对设备、管道阀门、气瓶进行干燥的设施。

7.6　深冷液体加压气化充瓶装置中，深冷液体泵排液量与气化器换热面积及充装量应匹配，应使每瓶气的充装时间不得小于 30 min。

7.7　充装毒性气体的充装站还应具备以下安全设施：

a) 厂房内除设置一般机械通风外，还应备有事故排风装置。对排出含有大量有毒气体的空气应进行净化处理，使其符合 GBZ 1 中有关规定的要求。

b) 盛贮剧毒液化气体的容器应设置在室内，并设有可在容器四周形成水幕用以制止突发性事故而造成毒性气浪的给水装置。

c) 充装剧毒液化气体的充装站，应配置在充装同时可防止气体溢出的负压操作系统。

7.8　充装毒性气体和乙炔的充装站，应设有回收或处理瓶内余气的设备和装置，不得向大气排放。液化石油气体充装站应设有残液倒空和回收装置。还应有新瓶抽真空设施，抽真空设施应保证新瓶真空度能抽至 80 kPa 以上。

7.9　乙炔充装站的管道还应符合下列要求：

a）乙炔管道的敷设、高压乙炔管道的选择应符合 GB 50031 的规定。压力容器、管件、阀门及管道应选用持有国家有关部门颁发制造生产许可证企业的产品。

b）高压乙炔金属管道的连接宜采用焊接接头；而与阀门、附件、设备连接处，可采用法兰或螺纹连接。高压乙炔管件、阀门及管道的设计压力不应小于 25 MPa。当每对法兰或螺纹接头间电阻值超过 0.03 Ω 时，应有跨接导线。

c）高压乙炔管道在安装前应做 30 MPa 耐压试验，安装后管道系统做 3 MPa 气密性试验和 2.5 MPa 泄漏性试验。

d）乙炔充气汇流排每排的进口管上应设置一只主截止阀，在充气汇流排各分配接口处应设置分配截止阀，应一瓶一阀。在充气汇流排的末端应设有通向乙炔低压系统的回流管，回流管道上应设截止阀。

e）乙炔高压软管应能抗乙炔、溶剂的腐蚀，不得选用能导致燃烧、爆炸的材料，其内径应小于或等于 6 mm；高压软管应能承受大于或等于 60 MPa 的耐压试验。

f）乙炔充气汇流排上应设置水喷淋冷却装置，且能直接喷到充气汇流排上所有钢瓶。

g）乙炔放空管应各自单独引至室外，引出管管口应高出屋脊，且不得小于 1 m。乙炔设备的排污管，应接至室外，乙炔气体应回收。

h）站内应配备乙炔瓶抽真空、称重及补加溶剂装置。

7.10　乙炔管道和所连接的设备中，在下列部位应设置阻火器，阻火器的选用应符合 JB/T 8856－2001 中 5.7.5.1 的规定。

a）高压干燥器的出口管路上；

b）各充气汇流排的主截止阀前；

c）充气汇流排的各分配截止阀后；

d）高压乙炔放回低压乙炔的管路上。

7.11　乙炔设备、管道系统应设有氧体积分数小于 3%的氮气或二氧化碳置换设施。

8　充装站的监测、计量仪表和防护器具条件

8.1　充装站的电气、仪表配置、安装验收应符合 GB 50058 和 GB 50257 。

8.2　设备及管道上的压力指示计应根据所装介质的特性选用。腐蚀性介质的压力计应采用耐蚀膜片式。乙炔系统应用乙炔专用压力计，每一汇流排上至少应设置一只。压力计的精度不低于 1.6 级，指针式压力计表盘直径不小于 100 mm。

8.3　液化气体充装站应配备有与充装接头数量相等的计量衡器。复检与充装的计量衡器应分开使用。配备的计量衡器应达到下列要求：

a）计量衡器的最大称量值不得大于所充气瓶实重（包括自重与装液重量）的 3 倍，且

不小于1.5倍。

b）固定式电子计量衡器的精度应符合GB 7723规定的3级秤等级要求。液化石油气、液氯和液氨气体充装站应配备具有在超装时自动切断功能的计量衡器。

8.4　深冷液体加压气化充瓶装置中，气化器的出口温度低于－30 ℃及超压时应有系统报警及联锁停泵装置。

8.5　氧气、强氧化性气体及可燃气体的充装站应有识别待装气瓶剩余气体及其杂质的检测仪器（有真空设施的除外）。有毒、可燃气体的充装站和氧气及可窒息性气体的充装站，应设置相应的气体危险浓度监测报警装置。

8.6　以电解法生产的氢气和氧气充装站，应在氧气管道上设置分析氧中氢含量的自动分析仪器，在氢气管道上设置分析氢气中氧含量的自动分析仪器。

8.7　气体充装站应按所装介质的特性配备相应的保护用具和用品；有腐蚀性介质的充装站应有可靠的防酸碱灼伤的劳保用具；有深冷液化气体加压气化的充装站应有可靠的防冻劳保用品；有毒气体充装站现场应配有防毒面具、滤毒罐和急救药品，并应具有可靠的通讯联络手段和抢救运送中毒人员的条件。可燃气体充装站应具有防静电衣服，底部无铁钉鞋具和不能产生火花的检修工具。

附件 A

气瓶充装及检查记录

A1.1　液化石油气钢瓶充装及检查记录表

A1.2　压缩气体气瓶充装及检查记录表

A1.3　溶解乙炔充装及检查记录表

A1.1 液化石油气钢瓶检查与充装记录

日期：　　　年　　月　　日　　　　　　　　　　　　　　　　　　室温：　　　℃

自有产权气瓶编号	气瓶型号	充装前检查				残液处理			充装			充装后复查				备注
		下次检验日期	余气	外观	其他	空瓶/kg	来瓶/kg	回收/kg	充装量/kg	密封	其他	实瓶/kg	密封	标签粘贴齐全	异常情况	

注：1. 表中各项除需用数字或文字填写外，其余合格项用“√”，不合格项用“×”；

2. 本记录在实行联锁灌装电子秤充装后可由气瓶管理系统自动生成，打印后需手工签名。

充装检查员：　　　　　　　　充装员：　　　　　　　　技术负责人：

A1.2　压缩气体气瓶检查与充装记录

日期：　　　年　　月　　日　　　　　　　　　　　　　　　　室温：　　℃

自有产权气瓶编号	气瓶型号	瓶内介质	公称压力/MPa	公称容积L	充装前检查					充装			充装后复查				备注
					余压/MPa	瓶阀	瓶体外观	漆色标识	下次检验日期	开始时间（时、分）	充装压力/MPa	结束时间（时、分）	压力复验/MPa	瓶阀密封	标签粘贴齐全	异常情况	

注：1. 瓶体检查主要检查瓶体是否存在变形、腐蚀、凹坑、泄漏等现象；

2. 表中各项除需用数字或文字填写外，其余合格项用“√”，不合格项用“×”；

充装检查员：　　　　　　　　充装员：　　　　　　　　技术负责人：

A1.3　溶解乙炔充装及检查记录表

日期：　　　年　　月　　日　　　　　　　　　　　　　　　　　　　　　　室温：　　　℃

自有产权气瓶编号	气瓶型号	瓶内介质	公称压力/MPa	公称容积L	充装前检查								充　装						充装后复查						备　注
					实际容积/L	瓶体	附件	余压/MPa	皮重/kg	实重/kg	剩余乙炔量/kg	下次检验日期	丙酮补加量/kg	瓶体温度/℃	充装流速/(m^3/h·L)	分次充装	静置时间/h	喷淋情况	实瓶重量/kg	乙炔补加量/kg	静置8H后压力/MPa	密封性检查	标签粘贴齐全	异常情况	

注：1. 表中各项除需用数字或文字填写外，其余合格项用“√”，不合格项用“×”；

2. 充装过程中，确保乙炔瓶充装流速小于 0.015 m^3/h·L；

3. 乙炔瓶充装压力任何情况下，不得大于 2.5 MPa。

充装检查员：　　　　　　　　充装员：　　　　　　　　技术负责人：

附件 B

液氨钢瓶泄漏应急处理指南

液氨，又称为无水氨，是一种无色液体。氨作为一种重要的化工原料，应用广泛，为运输及储存便利，通常将气态的氨气通过加压或冷却得到液态氨。氨易溶于水，溶水后形成氢氧化铵的碱性溶液。氨在20%水中的溶解度为34%。液氨在工业上应用广泛，而且具有腐蚀性，且容易挥发，所以其化学事故发生率相当高。

B1　氨的理化性质

分子式：NH_3；气氨相对密度(空气＝1)：0.59

分子量：17.04；液氨相对密度(水＝1)：0.7067(25 ℃)

CAS 编号：7664—41—7；自燃点：651.11 ℃

熔点：－77.7 ℃；爆炸极限：16%～25%

沸点：－33.4 ℃；1%水溶液 pH 值：11.7

B2　中毒处置

B2.1　毒性及中毒机理

液氨人类经口 TDLo：0.15 ml/kg

液氨人类吸入 LCLo：5000 ppm/5m

氨进入人体后会阻碍三羧酸循环，降低细胞色素氧化酶的作用。致使脑氨增加，可产生神经毒作用。高浓度氨可引起组织溶解坏死作用。

B2.2　接触途径及中毒症状

(1) 吸入

吸入是接触的主要途径。氨的刺激性是可靠的有害浓度报警信号。但由于嗅觉疲劳，长期接触后对低浓度的氨会难以察觉。

- 轻度吸入氨中毒表现有鼻炎、咽炎、气管炎、支气管炎。患者有咽灼痛、咳嗽、咳痰或咯血、胸闷和胸骨后疼痛等。

· 急性吸入氨中毒的发生多由意外事故如管道破裂、阀门爆裂等造成。急性氨中毒主要表现为呼吸道粘膜刺激和灼伤。其症状根据氨的浓度、吸入时间以及个人感受性等而轻重不同。

· 严重吸人中毒可出现喉头水肿、声门狭窄以及呼吸道粘膜脱落，可造成气管阻塞，引起窒息。吸入高浓度可直接影响肺毛细血管通透性而引起肺水肿。

(2) 皮肤和眼睛接触低浓度的氨对眼睛和潮湿的皮肤能迅速产生刺激作用。潮湿的皮肤或眼睛接触高浓度的氨气能引起严重的化学烧伤。

皮肤接触可引起严重疼痛和烧伤，并能发生咖啡样着色。被腐蚀部位呈胶状并发软，可发生深度组织破坏。

高浓度蒸气对眼睛有强刺激性，可引起疼痛和烧伤，导致明显的炎症并可能发生水肿、上皮组织破坏、角膜混浊和虹膜发炎。轻度病例一般会缓解，严重病例可能会长期持续，并发生持续性水肿、疤痕、永久性混浊、眼睛膨出、白内障、眼睑和眼球粘连及失明等并发症。多次或持续接触氨会导致结膜炎。

B2.3　急救措施

(1) 清除污染。

如果患者只是单纯接触氨气，并且没有皮肤和眼的刺激症状，则不需要清除污染。假如接触的是液氨，并且衣服已被污染，应将衣服脱下并放入双层塑料袋内。

如果眼睛接触或眼睛有刺激感，应用大量清水或生理盐水冲洗 20 min 以上。如在冲洗时发生眼睑痉挛，应慢慢滴入 1 滴或 2 滴 0.4%奥布卡因，继续充分冲洗。如患者戴有隐形眼镜，又容易取下并且不会损伤眼睛的话，应取下隐形眼镜。

应对接触的皮肤和头发用大量清水冲洗 15 min 以上。冲洗皮肤和头发时要注意保护眼睛。

(2) 病人复苏。

应立即将患者转移出污染区，对病人进行复苏三步法(气道、呼吸、循环)。气道：保证气道不被舌头或异物阻塞。呼吸：检查病人是否呼吸，如无呼吸可用袖珍面罩等提供通气。循环：检查脉搏，如没有脉搏应施行心肺复苏。

(3) 初步治疗。

氨中毒无特效解毒药，应采用支持治疗。

如果接触浓度≥500 ppm，并出现眼刺激、肺水肿的症状，则推荐采取以下措施：先喷 5 次地塞米松(用定量吸入器)，然后每 5 min 喷两次，直至到达医院急症室为止。

如果接触浓度≥1 500 ppm，应建立静脉通路，并静脉注射 1.0 g 甲基泼尼松龙(methylprednisolone)或等量类固醇。(注意：在临床对照研究中，皮质类固醇的作用尚未证实。)

对氨吸入者，应给湿化空气或氧气。如有缺氧症状，应给湿化氧气。

如果呼吸窘迫，应考虑进行气管插管。当病人的情况不能进行气管插管时，如条件许可，应施行环甲状软骨切开术。对有支气管痉挛的病人，可给支气管扩张剂喷雾，如叔丁喘宁。

如皮肤接触氨，会引起化学烧伤，可按热烧伤处理：适当补液，给止痛剂，维持体温，用消毒垫或清洁床单覆盖伤面。

如果皮肤接触高压液氨，要注意冻伤。

B3 泄漏处置

B3.1 少量泄漏撤退区域内所有人员

防止吸入蒸气，防止接触液体或气体。处置人员应使用呼吸器。禁止进入氨气可能汇集的局限空间，并加强通风。只能在保证安全的情况下堵漏。泄漏的容器应转移到安全地带，并且仅在确保安全的情况下才能打开阀门泄压。可用砂土、蛭石等惰性吸收材料收集和吸附泄漏物。收集的泄漏物应放在贴有相应标签的密闭容器中，以便废弃处理。

B3.2 大量泄漏疏散场所内所有未防护人员，并向上风向转移

泄漏处置人员应穿全身防护服，戴呼吸设备。消除附近火源。向当地政府和“119”及当地环保部门、公安交警部门报警，报警内容应包括：事故单位、事故发生的时间、地点、化学品名称和泄漏量、危险程度、有无人员伤亡以及报警人姓名、电话。

禁止接触或跨越泄漏的液氨，防止泄漏物进入阴沟和排水道，增强通风。场所内禁止吸烟和明火。在保证安全的情况下，要堵漏或翻转泄漏的容器以避免液氨漏出。要喷雾状水，以抑制蒸气或改变蒸气云的流向，但禁止用水直接冲击泄漏的液氨或泄漏源。防止泄漏物进入水体、下水道、地下室或密闭性空间。禁止进入氨气可能汇集的受限空间。清洗以后，在储存和再使用前要将所有的保护性服装和设备洗消。

B4 燃烧爆炸处置

B4.1 燃烧爆炸特性

常温下氨是一种可燃气体，但较难点燃。爆炸极限为 16％～25％，最易引燃浓度为 17％。产生最大爆炸压力时的浓度为 22.5％。

B4.2 火灾处理措施在贮存及运输使用过程中，如发生火灾应采取以下措施：

（1）报警：迅速向当地 119 消防、政府报警。报警内容应包括：事故单位、事故发生的时间、地点、化学品名称、危险程度、有无人员伤亡以及报警人姓名、电话。

（2）隔离、疏散、转移遇险人员到安全区域，建立 500 m 左右警戒区，并在通往事故现场的主要干道上实行交通管制，除消防及应急处理人员外，其他人员禁止进入警戒区，并

迅速撤离无关人员。

(3) 消防人员进入火场前,应穿着防化服,佩戴正压式呼吸器。氨气易穿透衣物,且易溶于水,消防人员要注意对人体排汗量大的部位,如生殖器官、腋下、肛门等部位的防护。

(4) 小火灾时用干粉或 CO_2 灭火器,大火灾时用水幕、雾状水或常规泡沫。

(5) 储罐火灾时,尽可能远距离灭火或使用遥控水枪或水炮扑救。

(6) 切勿直接对泄漏口或安全阀门喷水,防止产生冻结。

(7) 安全阀发出声响或变色时应尽快撤离,切勿在储罐两端停留。

参考文献

1. 国家市场监督管理总局.气瓶安全技术规程 TSG23－2021[S]. 北京:新华出版社,2021.

2. 张钢.中华人民共和国特种设备安全法实务全书[M]. 北京:中国法制出版社,2016.

3. 王践.特种设备安全监督管理理论与务实[M]. 长沙:湖南教育出版社,2015.

4. 宋涛.特种设备安全监察与检验检测及使用管理专业基础[M]. 长沙:湖南科学技术出版社,2021.

5. 郝澄,汪洋.气瓶充装与安全[M]. 北京:化学工业出版社,2007.

6. 张建新,张兆杰. 气体充装安全技术[M]. 郑州:黄河水利出版社,2003.

图书在版编目（CIP）数据

气瓶安全操作与管理 / 雍漫江主编. -- 湘潭 : 湘潭大学出版社, 2021.6
ISBN 978-7-5687-0575-2

Ⅰ. ①气… Ⅱ. ①雍… Ⅲ. ①气瓶—安全技术②气瓶—安全管理 Ⅳ. ①TH490.8

中国版本图书馆 CIP 数据核字（2021）第 125319 号

气瓶安全操作与管理

QIPING ANQUAN CAOZUO YU GUANLI

雍漫江 主编

责任编辑：刘文情
封面设计：张　波
出版发行：湘潭大学出版社
社　　址：湖南省湘潭大学工程训练大楼
电　　话：0731-58298960 0731-58298966（传真）
邮　　编：411105
网　　址：http://press.xtu.edu.cn/
印　　刷：长沙印通印刷有限公司
经　　销：湖南省新华书店
开　　本：787 mm×1092 mm 1/16
印　　张：9.75
字　　数：213 千字
版　　次：2021 年 6 月第 1 版
印　　次：2021 年 6 月第 1 次印刷
书　　号：ISBN 978-7-5687-0575-2
定　　价：50.00 元